21世纪交通版高等学校教材
机场工程系列教材

机场排水结构物设计

岑国平　洪　刚　编著
于伯毅　孙惠香　主审

内 容 提 要

本书为机场工程系列教材之一,主要介绍了机场排水结构物设计的基本理论和计算方法。全书共分五章,第一章介绍了机场排水结构物的分类和特点,第二章介绍了排水结构物上的作用,第三至第五章分别介绍了涵洞、排水圆管、盖板沟设计的方法和步骤。最后附录收录了各类材料强度表和弹性地基梁计算表。

本书可作为机场工程本科生的教材,也可供公路工程、城市道路工程、城市规划设计等相关专业师生和其他从事机场工程设计、施工及管理的工程技术人员参考使用。

图书在版编目(CIP)数据

机场排水结构物设计 / 岑国平,洪刚编著. —北京:
人民交通出版社,2014.6
机场工程系列教材
ISBN 978-7-114-10945-4

Ⅰ.①机… Ⅱ.①岑… ②洪… Ⅲ.①机场—建筑工程—排水系统—设计—教材 Ⅳ.①TU248.6

中国版本图书馆 CIP 数据核字(2013)第 245207 号

21 世纪交通版高等学校教材
机 场 工 程 系 列 教 材

书　　名:	机场排水结构物设计
著 作 者:	岑国平　洪　刚
责任编辑:	李　喆
出版发行:	人民交通出版社
地　　址:	(100011)北京市朝阳区安定门外外馆斜街 3 号
网　　址:	http://www.ccpress.com.cn
销售电话:	(010)59757973
总 经 销:	人民交通出版社发行部
经　　销:	各地新华书店
印　　刷:	北京盈盛恒通印刷有限公司
开　　本:	787×1092　1/16
印　　张:	9.5
字　　数:	285 千
版　　次:	2014 年 6 月　第 1 版
印　　次:	2014 年 6 月　第 1 次印刷
书　　号:	ISBN 978-7-114-10945-4
定　　价:	35.00 元

(有印刷、装订质量问题的图书由本社负责调换)

出 版 说 明

随着近些年来我国经济的快速发展和全球经济一体化趋势的进一步加强,科技对经济增长的作用日益显著,教育在科技兴国战略和国家经济与社会发展中占有重要地位。特别是民航强国战略的提出和"十二五"综合交通运输体系发展规划的编制,使航空运输在未来交通运输领域的地位和作用愈加显著。机场工程作为航空运输体系中重要的基础设施之一,发挥着至关重要的作用。据不完全统计,我国"十二五"期间规划的民用改扩建机场达110余座,迁建和新建机场达80余座,开展规划和前期研究建设机场数十座,通用航空也迎来大发展的机遇,我国机场工程建设到了一个新的发展阶段。

国内最早的机场工程本科专业于1953年始建于解放军军事工程学院,设置的主要专业课程有:机场总体设计、机场道面设计、机场地势设计、机场排水设计和机场施工。随着近年机场工程的发展,开设机场工程专业方向的高校数量不断增多,但是在机场工程专业人才培养过程中也出现了一些问题和不足。首先,专业人才数量不能满足社会需求。机场工程专业人才培养主要集中在少数院校,实际人才数量不能满足机场工程建设的需求。其次,专业设置不完备,人才培养质量有待提高。目前很多院校在土木工程专业和交通工程专业下设置了机场工程专业方向,限于专业设置时间短、师资力量不足、培养计划不完善、缺乏航空专业背景支撑等各种原因,培养人才的专业素质难以达到要求。此外,我国目前机场工程专业教材总体数量少、体系不完善、教材更新速度慢等因素,也在一定程度上阻碍了机场工程专业的发展。为了更好地服务国家机场建设、推动机场工程专业在国内的发展,总结机场工程教学的经验,编写一套体系完善,质量水平高的机场工程教材就显得很有必要。

教材建设是教学的重要环节之一,全面做好教材建设工作是提高教学质量的重要保证。我国机场工程教材最初使用俄文原版教材,经过几年的教学实践,结合我国实际情况,以俄文原版教材为基础,编写了我国第一版机场工程教材,这批教材是国内机场工程专业教材的基础,期间经历了内部印刷使用、零星编写出版、核心课程集中编写出版等阶段。在历次机场工程教材编写工作的基础上,空军工程大学精心组织,选择了理论基础扎实、工程实践经验丰富、研究成果丰硕的专家组成编写组,保证了教材编写的质量。编写者经过认真规划,拟定编写提纲、遴选编写内容、确定了编写纲目,形成了较为完整的机场工程教材体系。本套教材共计14本,涵盖了机场工程的勘察、规划、设计、施工、管理等内容,覆盖了机场工程专业的全部专业课程。在编写过程中突出了内容的规范性和教材的特点,注意吸收了新技术和新规范的内容,不仅对在校学生,同时对于工程技术人员也具有很好的参考价值。

本套教材编写周期近三年,出版时适逢我国机场工程建设大发展的黄金期,希望该套教材的出版能为我国机场工程专业的人才培养、技术发展有一些推动,为我国航空运输事业的发展做出贡献。

编写组

2014 年于西安

前　言

《机场排水结构物设计》是高等院校机场工程专业本科生的必修课程,也是公路工程、城市道路工程等专业的选修课程。

2006年,编者根据教学需要修订了《机场排水结构物设计》讲义。由于近年来钢筋混凝土结构设计的理论和规范发生了很大的变化,新材料、新技术在机场排水结构物设计、施工中不断应用,原讲义已不能适应教学和工程的实际需要。为此,本书对原讲义作了很大的修改,主要包括以下三方面:一是根据最新的《混凝土结构设计规范》(GB 50010—2010)、《军用机场排水工程设计规范》(GJB 2130A—2012)、《给水排水工程管道结构设计规范》(GB 50332—2002)等,对设计方法、计算例题作了全面修改,使之符合现行规范;二是根据编者参加的一些课题,新增了高填方涵洞荷载计算等新技术和新方法,同时增加了机场工程中常见的盖板暗沟设计等内容;三是结合近年来参与的十多个军民用机场排水工程设计,更新了实例,并对排水结构物的构造作了比较详细的介绍,以便读者在工程设计中参考。

全书共分五章,主要介绍了机场排水结构物设计的基本理论和计算方法。第一章介绍了机场排水结构物的分类和特点,第二章介绍了排水结构物上的作用,第三至第五章分别介绍了涵洞、排水圆管、盖板沟设计的方法和步骤。

本书由空军工程大学岑国平、洪刚编写,其中第一章、第三章和第五章由岑国平编写,第二章、第四章和附录由洪刚编写。全书由于伯毅教授和孙惠香副教授主审,特此致谢。

由于编者水平有限,书中难免存在疏漏和不当之处,敬请读者批评指正。

编　者
2014年2月

目 录

第一章 绪论 … 1
- 第一节 机场排水结构物的分类 … 1
- 第二节 机场排水结构物的特点 … 3
- 第三节 本书的主要内容 … 4

第二章 排水结构物上的作用 … 5
- 第一节 作用分类及组合 … 5
- 第二节 土压力计算 … 7
- 第三节 机动荷载计算 … 15
- 第四节 内外水压力计算 … 21
- 第五节 支承反力计算 … 22

第三章 涵洞设计 … 26
- 第一节 涵洞的组成与分类 … 26
- 第二节 盖板涵设计 … 29
- 第三节 箱涵设计 … 46
- 第四节 拱涵设计简介 … 64

第四章 排水圆管设计 … 67
- 第一节 排水圆管的构造 … 67
- 第二节 圆管的横向内力计算 … 69
- 第三节 圆管结构设计实例 … 73
- 第四节 圆管的基础和接口 … 77

第五章 盖板沟设计 … 83
- 第一节 盖板明沟的构造 … 83
- 第二节 作用于沟壁上的侧向土压力计算 … 84
- 第三节 盖板的结构设计 … 90
- 第四节 沟槽的横向内力计算 … 93
- 第五节 盖板明沟的纵向内力计算 … 101
- 第六节 盖板暗沟的设计 … 111
- 第七节 盖板沟计算的空间有限元方法 … 122

附录 A 各类材料强度表 … 127

附录 B 弹性地基梁计算表 … 130

参考文献 … 144

第一章 绪 论

机场排水结构物是机场的重要组成部分,是保证机场正常使用不可缺少的设施之一。一个完备的机场,必须配有一套性能优良、结构可靠的排水设施。图 1-1 是某机场飞行场地排水线路布置情况(局部),包括盖板明沟、盖板暗沟、圆管、涵洞、浆砌明沟、雨水口等排水结构物。机场排水设施的选择、布置及水文水力计算在《机场排水设计》课程中学习,本课程主要学习排水结构物的结构设计,包括确定结构的形式,选择结构的材料,拟定结构的截面尺寸,进行荷载计算、内力计算和配筋计算,提出相应的结构构造措施,绘出结构施工图等。

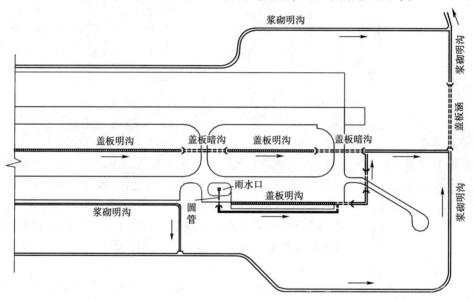

图 1-1　某机场飞行场地排水线路布置图(局部)

机场排水结构物种类多、数量大、要求高,是机场场道工程设计中难度较大、花费时间较多的设计项目。设计中要根据使用要求以及当地气象、土壤、水文地质条件等情况选择合适的结构形式和材料,并进行详细的分析计算。同时还要参考已有的类似设计,做到安全可靠,经济合理。

第一节　机场排水结构物的分类

机场排水结构物种类很多,常见的有以下几类:
1. 盖板沟

盖板沟是机场排水中最常用的结构物,有盖板明沟和盖板暗沟两种。盖板明沟的盖板露出地面,且有进水槽或进水孔,主要起拦截表面径流的作用。沟槽为矩形,如图 1-2 所示。盖板一般采用钢筋混凝土,槽身多为整体式,用混凝土或钢筋混凝土构筑,有时也可采用浆砌块石砌筑。盖板暗沟如图1-3所示,一般在穿越道面或土跑道、端保险道等部位时采用,主要起输水作用。盖板暗沟的盖板埋于地下,且没有进水孔,其他与盖板明沟相似。

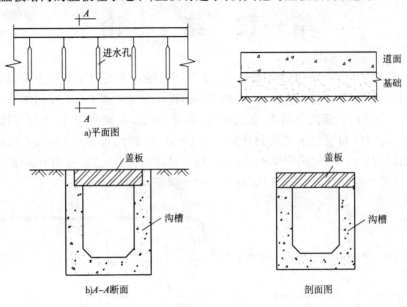

图1-2 盖板明沟示意图   图1-3 盖板暗沟示意图

2. 排水圆管

排水圆管也是机场排水中常用的结构物,其截面如图1-4所示。由于圆形管道适合于工厂预制,所以施工简单,铺设速度快。一般用于穿越道面或飞行区其他部位,也可配置于三角沟或盲沟附近起输水作用。机场中使用的圆管一般为混凝土或钢筋混凝土管道。除管道本身外,一般还要做混凝土基础,以防止不均匀沉陷。

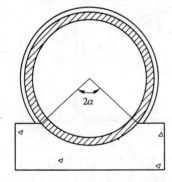

图1-4 排水圆管及基础截面图

3. 涵洞

机场中的涵洞一般有两类,一类是横穿飞行场地的排洪涵洞。这类涵洞比较长,常在300～500m。如果穿越端保险道,则长度在200m左右。这类涵洞要求高,多采用箱涵或盖板涵,如图1-5所示。另一类是机场道路、拖机道与河渠、排水沟交叉时修建的涵洞,与公路上的涵洞相似,结构形式可以多种多样,有圆涵、拱涵、盖板涵等。

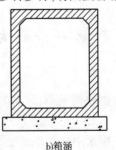

a)盖板涵   b)箱涵

图1-5 机场排洪涵洞

4. 其他排水结构物

除了上面三类排水结构物外，机场中还有许多其他排水结构物，如矩形或梯形明沟，如图1-6所示。矩形明沟一般用混凝土浇筑或浆砌块石砌筑，沟槽承受侧向土压力作用，与盖板明沟的沟槽相似，因此可参考盖板明沟沟槽的设计方法。梯形明沟一般用浆砌块石或混凝土预制块砌筑，沟体本身不承受飞机、车辆等荷载，也不承受土压力，只起防冲刷等作用，因此不作结构计算，只按构造要求确定加固厚度。机场中还有许多排水附属构筑物，如雨水口、检查井、出水口等，这些构筑物单体工程量较小，但数量较多，一般参考有关标准图或已建的工程实例设计，不作专门的结构计算。

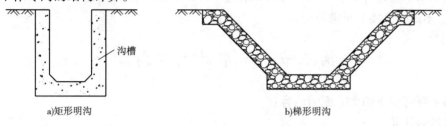

图1-6 矩形和梯形明沟

第二节 机场排水结构物的特点

机场排水结构物与城市排水、公路排水等结构物有类似的地方，也有一些特殊性。主要有以下几个方面：

1. 承受飞机荷载的作用

飞行场区内的排水结构物大部分要承受飞机荷载的作用。其荷载大小和作用形式与汽车荷载差异较大。特别是大型运输机和轰炸机，荷载很大。重型歼击机的总荷载虽然不太大，但轮胎压力高，荷载集中，对盖板明沟等跨度较小，且直接接触动荷载的结构物影响较大。

2. 布局和结构形式要确保飞行安全

飞行场区内的各类排水结构物，无论在布局、结构形式选择方面都必须满足飞行安全的要求。在跑道及两端、两侧的安全区范围内及其他道面附近，不能有妨碍飞行安全的明沟。跑道边缘、平地区内的明沟必须加盖板或修建成宽浅形的三角沟，且与飞机活动方向平行。只有在土跑道外侧、端保险道外侧、滑行道外侧整平区以外允许修建不加盖板的明沟。当平地区宽度很大时，允许在平地区内修建不加盖板的明沟，但应距跑道中线100m（民用机场为105m）以上。与跑道、土跑道等垂直布置的沟渠必须用暗沟或暗涵。在公路上经常采用的盖板明涵或板桥，在跑道上不宜采用。因为这些明涵或小桥与跑道的结构差异较大，容易因不均匀沉降而错台，威胁飞行安全。另外土跑道有飞机迫降要求，必须有土面覆盖，也不宜用明涵或小桥。如四川某机场跑道延长时要跨越一条小河，河宽18m左右，且常年有水。这种情况下在公路上一般修建小桥，但由于机场的特殊性，只能用暗涵。最终选择了双孔箱涵，每孔净跨6.5m，净高8m。在端保险道端头有沟渠通过时，为保证飞机冲出端保险道时不出现重大事故，宜修建成暗沟或暗涵。

3. 结构应安全可靠

飞行场区内的排水结构物，应有较高的可靠性和耐久性。尤其是穿越跑道的排水结构物，更应安全可靠,一旦损坏,会给飞行造成威胁,且维修较困难。如东北某机场,由于横穿跑道的排水沟渗漏水,引起道面冻胀,最大高差达 10cm,结果不得不停飞一周进行抢修。因此,穿越道面的排水结构物要选用整体性好、不易漏水的结构形式,一般以钢筋混凝土结构为好。在土壤地质条件不良的地区,道面附近或穿越道面的排水结构物不宜采用浆砌块石砌筑。如山西某机场,地处湿陷性黄土地区,填方段土基处理不够密实,而且跑道边缘的盖板明沟用浆砌块石修建,渗漏水较严重,造成跑道不均匀沉陷。

4. 便于施工和抢修

机场排水结构物种类多,线路长,因此结构形式要尽量简单,便于施工。一旦损坏,要便于快速修复,不影响机场的正常使用。

第三节 本书的主要内容

本书主要有以下四个方面的内容:

1. 作用的计算

排水结构物设计时,首先要确定结构上的各种作用,包括竖向和侧向土压力、飞机或车辆荷载、地下水压力及结构物内部水压力以及各种基础的反力。

2. 涵洞设计

介绍涵洞的组成与分类、各类涵洞的构造要求、内力计算、结构计算和配筋计算。重点为箱涵和盖板涵设计。

3. 排水圆管设计

排水圆管设计包括排水圆管的构造要求、圆管横向内力计算、圆管结构设计、圆管基础与接口等。

4. 盖板沟设计

盖板沟设计包括盖板明沟的构造、侧向土压力计算、盖板设计、沟槽横向内力和纵向内力计算、盖板暗沟设计等。

机场排水结构物设计是在机场排水系统平面布置和纵横断面初步设计的基础上进行的。因此宜先学习《机场排水设计》课程。此外,在设计中需要用到结构力学、土力学、钢筋混凝土结构等知识,因此应具备这方面的基础。

本书只介绍几种常见的机场排水结构物的设计方法。在实际工程设计中,可能会遇到其他结构物,如闸门、堤坝、水池等。设计时可参考水利、城建、公路等部门的有关手册、资料等设计,本书不一一介绍。

第二章 排水结构物上的作用

　　作用是指施加在结构上的集中力或分布力,也指引起结构外加变形或约束的原因。长期以来,一般习惯称所有引起结构反应的原因为"荷载",但这种叫法并不科学。引起结构反应的原因可以按其作用的性质分为截然不同的两类:一类是施加于结构上的外力,如飞机作用、车辆作用、结构自重等,它们直接施加于结构上,可称为荷载;另一类不是以外力的形式施加于结构,它们产生的效应与结构本身的特性、结构所处的环境等有关,如基础变位、混凝土收缩和徐变、温度变化等,它们间接作用于结构,不能用荷载概括。因此,目前国际上普遍将所有引起结构反应的原因统称为作用,而荷载仅限于表达施加于结构上的直接作用。

　　为了计算排水结构物的内力、确定合理的设计断面,首先必须计算排水结构物上的作用。

第一节　作用分类及组合

一、作用分类

　　结构上的作用多种多样,为了便于在设计过程中对作用进行准确而有效的分析,根据作用的性质和特点,分为三种类型,即永久作用、可变作用和偶然作用。

　　1. 永久作用

　　永久作用是在结构使用期内始终存在,且其量值变化与平均值相比可以忽略不计的作用。包括结构自重、土的垂直及侧向压力、混凝土收缩和徐变作用、基础变位作用等。

　　2. 可变作用

　　可变作用指在结构使用期内,其量值随时间变化,且其变化值与平均值相比不可忽略的作用,包括飞机或汽车荷载、飞机或汽车引起的土压力、流水压力、温度作用、支座摩阻力等。

　　3. 偶然作用

　　偶然作用指在结构使用期内出现概率很小,而一旦出现其量值很大且持续时间较短的作用,一般包括地震作用、船舶或漂浮物的撞击作用和汽车撞击作用,以及飞机偶然偏出或冲击跑道时的作用。

二、作用的代表值

　　作用的代表值是指在结构设计时,根据不同的设计要求,采用不同的作用数值,此值即为作用的代表值,包括作用的标准值、组合值、准永久值等。

1. 作用的标准值

作用的标准值是作用的基本代表值,是在结构设计基准期内,在正常情况下出现的具有一定保证率的最大作用值,一般取保证率为95%。但有些作用的情况比较复杂,只能根据已有的工程经验确定,很难取统一的保证率。对结构自重,由于变异性不大,取设计尺寸与相应材料单位体积的自重计算确定,对其他作用,可按有关规范的规定取值。

2. 作用的组合值

当两种或两种以上可变作用在结构上同时考虑时,由于所有作用同时达到其单独出现时可能达到的最大值的概率很小,除其中最大可变作用取标准值外,其他伴随可变作用取小于标准值的量值,作为作用代表值,该值称为组合值,并以作用组合值系数与相应可变作用标准值乘积的形式来确定。

3. 作用的准永久值

作用的准永久值是指结构上经常出现的可变作用值,即在设计基准期内被超越的总时间占设计基准期的比率较大的作用值。可通过准永久系数对作用标准值的折减来表示。飞机、车辆的准永久系数可取 0.5。

三、作用效应组合

结构上的作用使结构产生的内力(如弯矩、剪力、轴向力)或变形等效应,称为作用效应。各种作用其作用时间、作用方式不完全一致,设计时应根据实际可能出现的情况进行作用效应组合。作用效应组合是结构物设计中一个很重要的内容,只有采用最不利的组合,才能保证结构的使用安全和使用寿命。但从经济的角度出发,又不能把所有作用都堆积在一起,而必须本着"能同时出现的作用不漏掉,不能同时出现的作用不组合"的原则。当可变作用的出现对结构或构件产生有利影响时,该作用不应参与组合。

机场排水结构物分布在机场的各个部位,作用也有很大差别。位于军用机场飞行场地内的排水结构物,应按《军用机场排水工程设计规范》(GJB 2130A—2012)的规定进行作用效应组合。而飞行场地以外各类道路上的涵洞,应根据《公路桥涵设计通用规范》(JTG D60—2004)的规定进行作用效应组合。

排水结构物按承载能力极限状态和正常使用极限状态进行作用效应组合。承载能力极限状态包括对结构构件的承载力(包括压曲失稳)计算、结构整体失稳(滑移及倾覆、上浮)验算。正常使用极限状态包括对需要控制变形的结构构件的变形验算,使用上要求不出现裂缝的抗裂度验算,使用上需要限制裂缝宽度的验算等。

按承载能力极限状态进行强度计算时,应采用作用效应的基本组合。结构上各项作用均应采用作用的设计值。作用设计值应为作用代表值与作用分项系数的乘积。

结构的强度应按下式计算:

$$\gamma_0 S \leq R \tag{2-1}$$

式中:γ_0——结构的重要性系数,在机场道面边缘或穿越道面的排水结构取 1.0,其他地区的排水结构可取 0.9;

S——作用效应组合的设计值;

R——结构抗力强度设计值,混凝土、钢筋混凝土应按《混凝土结构设计规范》

(GB 50010—2010)确定,砖石结构应按《砌体结构设计规范》(GB 50003—2011)确定。
作用效应组合设计值按下式确定:

$$S = \sum_{i=1}^{m} \gamma_{Gi} C_{Gi} G_{ik} + \gamma_{Q1} C_{Q1} Q_{1k} + \psi_c \sum_{j=2}^{n} \gamma_{Qj} C_{Qj} Q_{jk} \qquad (2-2)$$

式中:G_{ik}——第 i 个永久作用标准值;

C_{Gi}——第 i 个永久作用的作用效应系数;

γ_{Gi}——第 i 个永久作用的分项系数;

Q_{1k}——第 1 个可变作用标准值,该作用为飞机、车辆荷载或施工荷载;

Q_{jk}——第 j 个可变作用标准值;

γ_{Q1}、γ_{Qj}——分别为第 1 个和第 j 个可变作用的分项系数;

C_{Q1}、C_{Qj}——分别为第 1 个和第 j 个可变作用的作用效应系数;

ψ_c——可变作用的组合系数,取 0.9。

永久作用的分项系数,当作用效应对结构不利时,除结构自重取 1.20 外,其余各项取 1.27 计算;当作用效应对结构有利时,均取 1.0 计算。

可变作用的分项系数,对地表水和地下水压力,分项系数取 1.27;对飞机、车辆荷载,分项系数取 1.40;对偶然作用的飞机验算荷载,分项系数取 1.0。

结构构件按正常使用极限状态验算时,作用效应均应采用作用代表值计算。

对混凝土结构构件按控制裂缝出现设计时,应按短期效应的标准组合作用计算:

$$S = \sum_{i=1}^{m} C_{Gi} G_{ik} + C_{Q1} Q_{1k} + \psi_c \sum_{j=2}^{n} C_{Qj} Q_{jk} \qquad (2-3)$$

对钢筋混凝土结构构件的裂缝开展宽度按准永久组合作用计算:

$$S = \sum_{i=1}^{m} C_{Gi} G_{ik} + \sum_{j=1}^{n} C_{Qj} \psi_{qj} Q_{jk} \qquad (2-4)$$

式中:ψ_{qj}——相应 j 项可变作用的准永久系数;

其余符号意义同前。

飞机、车辆荷载的准永久值系数取 0.5。对地下水的静水压力或浮托力,当设计水位取最高水位时,准永久值系数取平均水位与最高水位的比值;当设计水位采用最低水位时,取 1.0。

第二节 土压力计算

作用于涵洞或排水管道上的填土,对涵洞或排水管道产生垂直土压力和侧向土压力。它是主要永久作用之一。

一、垂直土压力计算

作用于涵洞或排水管道上的土压力大小,与涵洞或管道的埋置方式有关。涵管埋置方式主要有沟埋式、填埋式和顶进式三种。涵管埋置方式不同,垂直土压力的计算方法也不一样。

1. 沟埋式涵管的垂直土压力计算

位于飞行场地挖方区及微填区的排水沟管,或在较低路堤下通过的排水涵洞,一般先开挖沟槽,放置涵管后再进行回填。采用上述方法埋置的涵管称为沟埋式,如图2-1所示。

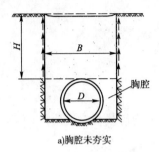 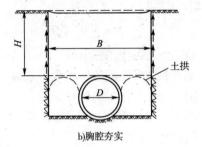

a)胸腔未夯实　　　　　　　　b)胸腔夯实

图2-1　沟埋式涵管

采用沟埋式埋涵管时,沟槽内的回填土要尽量夯实。但由于槽内回填土经过扰动,其结构已被破坏,因此很难达到与沟壁一样密实。在自重及外荷载的作用下必然要产生沉陷变形,因而和沟槽槽壁间将产生相对位移,必然产生摩擦力,其方向与沉陷位移方向相反。这样沟内回填土的一部分重量将传给涵管和槽底,而另一部分将被这种摩擦力所抵消。

槽壁的摩擦力大小除了与填土性质有关外,还和涵管两侧与槽壁之间(称胸腔)部分填土的夯实情况有关。在进行沟埋式涵洞垂直土压力的计算之前,首先应根据施工情况,确定"胸腔"的夯实程度,如"胸腔"部分回填土的干密度已接近槽壁原土的干密度,则认为是夯实的,否则属于未夯实。

(1)"胸腔"未夯实情况的垂直土压力计算

设槽壁是垂直的,填土与槽壁间的摩擦力按土力学中的公式计算:

$$\tau = c + \sigma_x \tan\varphi \tag{2-5}$$

式中:τ——摩擦力;

c——土的黏聚力;

σ_x——填土对槽壁的正压力;

φ——填土与槽壁的内摩擦角。

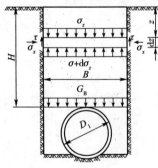

图2-2　微土层的受力情况

为便于分析,在沟内取一微土层,如图2-2所示。微土层厚$\mathrm{d}z$,距地面为z,土层上部的正应力为σ_z,下部的正应力$\sigma_z + \mathrm{d}\sigma_z$,两侧摩擦力$\tau = c + \sigma_x \tan\varphi$,单位沟长内土层自重$\gamma B \mathrm{d}z$($\gamma$为填土重度,$B$为槽宽)。

微土层处于平衡状态,列出单位沟长内的平衡方程:

$$\sigma_z B + \gamma B \mathrm{d}z - 2\tau \mathrm{d}z - (\sigma_z + \mathrm{d}\sigma_z)B = 0 \tag{2-6}$$

另外,$\sigma_x/\sigma_z = \xi$,ξ为土的侧压力系数。一般$\xi = \tan^2(45° - \varphi/2)$。

将有关公式代入式(2-6),化简整理后积分,得:

$$\sigma_z = \frac{\gamma B\left(1 - \dfrac{2c}{\gamma B}\right)}{2\xi\tan\varphi}(1 - e^{-2\frac{z}{B}\xi\tan\varphi})$$

在管顶处,$z = H$时,则:

$$\sigma_H = \frac{\gamma B\left(1 - \frac{2c}{\gamma B}\right)}{2\xi\tan\varphi}(1 - e^{-2\frac{H}{B}\xi\tan\varphi}) \tag{2-7}$$

所以在管顶处单位沟长全部垂直土压力为：

$$G_B = \sigma_H B = \frac{\gamma B^2\left(1 - \frac{2c}{\gamma B}\right)}{2\xi\tan\varphi}(1 - e^{-2\frac{H}{B}\xi\tan\varphi})$$

令：

$$K_T = \frac{B\left(1 - \frac{2c}{\gamma B}\right)}{H\ 2\xi\tan\varphi}(1 - e^{-2\frac{H}{B}\xi\tan\varphi}) \tag{2-8}$$

则：

$$G_B = K_T \gamma H B \tag{2-9}$$

式中：K_T——沟埋式填土的垂直土压力系数，它取决于 H/B 值及土的性质，可从图 2-3 查得。

涵管一般是刚性的，在荷载作用下变形比较小。由于"胸腔"未夯实，胸腔部分承受的土压力很小，因此假设沟槽内的垂直土压力全部由涵管来承担。

（2）"胸腔"夯实情况的垂直土压力计算

在涵洞两侧"胸腔"部分回填土夯实良好的情况下，可以想象在图 2-1b）中管腹和槽壁之间形成一土拱，由于土拱作用，使作用于全部槽宽上的垂直土压力并不全部传到涵管上，其中一部分将通过土拱传递到槽壁上去。这时作用于涵管上的垂直土压力的合力 G_B 应为两拱顶之间宽度内土压力，即：

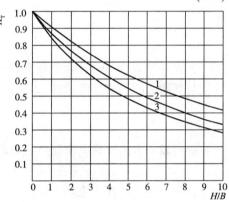

图 2-3　沟埋式涵管 K_T-H/B 关系曲线
1-饱和黏土；2-很湿的黏土；3-不太湿及很湿的砂质土，不太湿的黏土

$$G_B = K_T \gamma H \frac{B + D_1}{2} \tag{2-10}$$

式中：D_1——涵管的外径；

K_T 仍由图 2-3 查得。

为避免施工塌方，特别是进行深槽开挖或沟槽土质较差的情况下，槽壁多做成一定坡度的斜坡或阶梯式，如图 2-4 所示。对这种槽宽有变化的情况，可按下式计算：

$$G_B = K_T \gamma H \frac{B_0 + D_1}{2} \tag{2-11}$$

式中：B_0——与管顶点齐平处的槽宽。

但在确定 K_T 时，用 $H/2$ 处的槽宽 B，查图 2-3。

【例 2-1】　已知某沟埋式涵管，外径 $D_1 = 1.0$m，沟槽宽 $B = 2.2$m，涵管上的填土厚度 $H = 3.0$m。填不太湿的黏土，重度 $\gamma = 18$kN/m³。涵管两侧"胸腔"已夯实。求作用在涵管上的垂直土压力的合力 G_B。

解：$H/B = 3.0/2.2 = 1.36$，按回填不太湿的黏土，查图 2-3，得 $K_T = 0.79$，代入式

(2-10)得：

$$G_B = K_T \gamma H \frac{B+D_1}{2} = 0.79 \times 18 \times 3.0 \times \frac{2.2+1.0}{2} = 68.3(\text{kN})$$

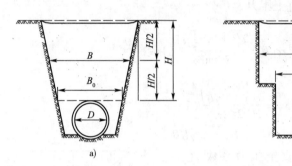

图 2-4 深槽开挖沟槽断面图

当管外径 $D_1 > 1\text{m}$，且管顶填土 $H < D_1$ 时，管上垂直土压力除按上述公式计算外，还应考虑管顶与管腹之间的填土重，如图2-5所示。其土重为：

$$G_n = \gamma \left(\frac{D_1^2}{2} - \frac{\pi D_1^2}{8} \right) = 0.107 \gamma D_1^2$$

按照以上方法计算比较复杂。目前涵管垂直土压力一般按下式计算：

$$G_B = K \gamma D_1 H \tag{2-12}$$

式中：K——垂直土压力系数。

式(2-12)的含义即为涵管的垂直土压力等于作用在涵管顶部的土柱重($\gamma D_1 H$)乘以一个垂直土压力系数。根据北京市市政设计院的试验，对沟埋式涵管，垂直土压力系数一般为 1.1~1.2。在现行的国家标准和《军用机场排水工程设计规范》(GJB 2130A—2012)中，沟埋式涵管的垂直土压力系数一般取 1.2。

在[例2-1]中，若按规范计算，垂直土压力为：$G_B = K\gamma D_1 H = 1.2 \times 18 \times 1.0 \times 3.0 = 64.8(\text{kN})$，与前面的结果相近。

2. 填埋式涵管的垂直土压力计算

涵管设置在地面上或浅槽中然后填土，这种埋管方式称为填埋式或上埋式。在飞行场的高填方区，一般采用填埋式。较高路堤下的排水涵洞也多采用填埋式，如图2-6所示。

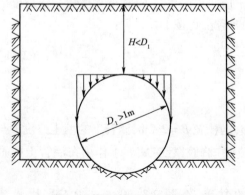

图 2-5 管顶与管腹之间的填土

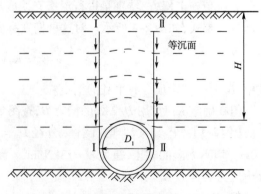

图 2-6 填埋式涵管

由于涵管两侧填土的压缩性较刚性管本身的压缩性大得多,造成涵管上部填土的垂直位移量小于涵管两侧填土的垂直位移量,这样两侧填土对涵管上部填土将产生向下的摩擦力,见图2-6。因此作用于涵管顶上的垂直土压力除涵管顶部土柱重量外,还应包括两侧靠近剖面Ⅰ-Ⅰ和Ⅱ-Ⅱ通过摩擦力传到涵管顶上的附加压力。这部分附加压力的大小和涵管本身的刚度、地基土的特性及涵管凸出地基高度等因素有关。

随着涵管刚度的减小(变形增大)这部分附加压力将减少;对于刚性涵管,地基土越密实,这部分附加压力越大,反之则变小;涵管突出地基高度的大小将直接影响两侧填土沉陷量的大小,故随涵管突出地基高度的减少,这部分附加压力也将减少。

填埋式涵管垂直土压力的合力,可按下式进行计算:

$$G_B = K_s \gamma D_1^2 \qquad (2-13)$$

式中:K_s——填埋式涵管上土压力计算系数,由图2-7查得。

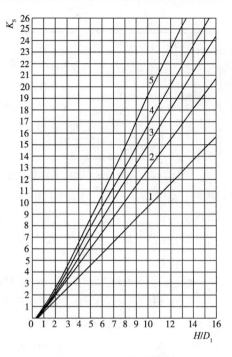

图2-7 系数 K_s 值图解

图2-7中的曲线编号由表2-1选择。

曲线编号   表2-1

曲线编号	1	2	3	4	5
$m\gamma_{sd}$	0	0.10	0.30	0.50	0.85

表2-1中,$m = D_d / D_1 = (1 + \cos\alpha) / 2$,如图2-8所示。$m$ 称为涵管的突出比,即涵管突出地基以上高度与涵管外径之比。γ_{sd} 为沉陷比,可根据表2-2查得。

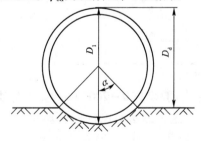

图2-8 突出比($m = D_d / D_1$)

沉陷比值表   表2-2

涵管及基础类型	地 基 土 的 性 质	沉陷比 γ_{sd}
刚性涵管建在土基上	松散的砂质粉土及砂土,流-塑性黏土和砂质黏土	0
	中等密实的砂质粉土及砂土,流-塑性黏土和砂质黏土	0.2
	坚实的砂土、卵石、硬黏土和砂质黏土	0.6
	岩石	1.0

续上表

涵管及基础类型	地 基 土 的 性 质	沉陷比 γ_{sd}
刚性涵管建在刚性底垫上	松散的砂质粉土及砂土,流-塑性黏土和砂质黏土	0.1
	中等密实的砂质粉土及砂土,流-塑性黏土和砂质黏土	0.3
	坚实的砂土、卵石、硬黏土和砂质黏土	0.7
	岩石	1.0
柔性涵管		0

【例2-2】 在飞行场内用填埋方式修建一钢筋混凝土排水圆管,管道外径 $D_1 = 1.2$m,管顶填土高度 $H = 2.5$m,回填土的重度为 17kN/m³。管道修筑在135°混凝土基础上,土基为中等密实的砂土。计算作用于管道上的垂直土压力的合力 G_B。

解:根据基础与土基性质,查表2-2得 $\gamma_{sd} = 0.3$。

突出比:

$$m = (1 + \cos\alpha)/2 = [1 + \cos(135°/2)]/2 = 0.69$$

$m\gamma_{sd} = 0.69 \times 0.3 = 0.207$,查表2-1,曲线编号为2和3之间。

$H/D_1 = 2.5/1.2 = 2.08$,查图2-8得 $K_s = 2.7$。

故:
$$G_B = K_s \gamma D_1^2 = 2.7 \times 17 \times 1.2^2 = 66.1 (\text{kN})$$

根据国内铁路、公路、市政设计部门的试验,当填土较高时,按图2-7查得的 K_s 计算垂直土压力一般是偏大的。目前对于填埋式涵管,垂直土压力也按式(2-12)计算,其系数 K 一般取1.2~1.5。《军用机场排水工程设计规范》(GJB 2130A—2012)中,根据公路、铁路部门相关规范的建议值的基础上,作了适当调整,提出了填埋式垂直土压力系数,如表2-3所示,在军用机场设计中应按此表执行。

填埋式涵管垂直土压力系数　　表2-3

H/D_1	0.5	1	2	3	4
K	1.20	1.40	1.45	1.50	1.45
H/D_1	5	6	7	8	≥9
K	1.40	1.35	1.30	1.25	1.20

注:D_1 为暗沟或管道的外形宽度或外径。

在《公路桥涵设计通用规范》(JTG D60—2004)中,无论是哪种埋置方式,都取系数 $K = 1.0$,即只考虑填土本身的自重。这种方法对刚性涵管所得的土压力显然是低于实际作用值的,往往造成一些公路涵洞开裂破坏。

近年来,在公路、机场等建设中经常遇到高填方问题,填方高度经常达到几十米甚至上百米。此时如在沟底修建填埋式涵洞,对涵洞带来两方面的影响:一是垂直土压力非常大,需要的结构厚度很大,涵洞造价很高;二是在填土的作用下,涵洞基础出现较大的下沉量,常达到几十厘米。由于涵洞纵向填土高度不同,造成下沉量也不同,往往中部大,两端小,如图2-9所示。这种不均匀沉降往往引发涵洞断裂、接缝错台、漏水、涵洞中部积水等问题。为了减小涵洞的沉降,一般要对涵洞的地基进行处理,如换填砂砾石、强夯,甚至个别用碎石桩、石灰土桩等进行加固。经过地基处理后,虽然减小了涵洞的沉降,但涵洞顶部回填土体与两侧回填土体的沉降差进一步加大,垂直土压力更加集中在涵洞顶部,造成涵洞的破坏。

为了解决高填方涵洞出现的这些问题,在设计和施工中应采取以下措施:

(1)每段涵洞的长度不宜过长,接缝宜采用柔性接口,以适应纵向的不均匀沉降。

(2)涵洞地基应作适当处理,但强度不宜过高,避免与两侧形成过大的差异,否则会造成应力集中。在条件许可时应尽量加宽处理的范围。

(3)涵洞两侧回填土应提高其密实度,而在涵顶一定高度内可适当降低密实度,以减小涵顶上部与两侧土体的沉降差,减小荷载,但这种减荷措施作用有限。近年来,一些学者提出在涵洞顶部放置一层压缩性较高的聚苯乙烯泡沫板(EPS),由于 EPS 具有很大的压缩性,在涵洞填土过程中,EPS 板逐渐压缩,涵洞上部土体的沉降量反而大于两侧的沉降量,使涵洞上部土体出现向上的摩擦力,将上部土体的重量部分转移到两侧土体中,如图 2-10 所示。试验证明,这种减荷措施效果非常好,其垂直土压力能减少到原来的 1/2 甚至更小。这一措施已在一些工程中应用。EPS 板的厚度一般为 20~60cm,密度一般为 18~20kg/m³。但在应用时应根据具体情况对 EPS 板的厚度、密度等进行论证和计算。

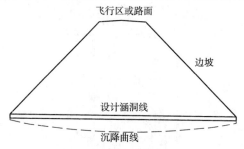

图 2-9 高填方涵洞纵断面

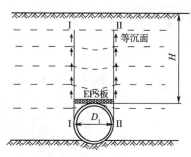

图 2-10 EPS 板减荷原理

3. 顶管法施工涵管的垂直土压力计算

在管道埋深比较大时为避免大开挖,或在穿越已建公路、铁路或跑道、滑行道时,为不中断地面交通,常采用顶管法施工。顶管法施工时土压力计算常采用太沙基模型,如图 2-11 所示。该模型与图 2-2 中的模型基本相似,所不同的是顶管时用影响宽度 B_t 代替沟埋式时的开槽宽度 B。在我国《给水排水工程管道结构设计规范》(GB 50332—2002)中,顶管的影响宽度用下式计算:

$$B_t = D_1\left[1 + \tan\left(45° - \frac{\varphi}{2}\right)\right] \quad (2\text{-}14)$$

式中:D_1——管道外径。

管顶处垂直土压力:

$$p_{sv} = n_s \gamma B_t \quad (2\text{-}15)$$

系数 n_s 用下式计算:

$$n_s = \frac{1 - \exp\left(-2\xi\tan\varphi \dfrac{H}{B_t}\right)}{2\xi\tan\varphi} \quad (2\text{-}16)$$

式(2-16)相当于式(2-8)取 $c = 0$,即砂性土的情况。若为黏性土,c 不等于 0 时,可代换成等代内摩擦角。根据规范,无论是砂性土

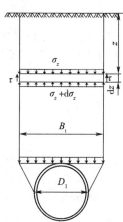

图 2-11 顶管土压力计算模型

还是黏性土,一般情况下可取 $\xi\tan\varphi$ 的乘积等于 0.19。

二、侧向土压力计算

作用于涵管的侧向土压力与垂直荷载、涵管的刚度及回填土的性质等有关。对柔性涵管,在垂直土压力作用下将产生较大变形,使两侧土受压,从而对涵管侧壁产生被动的弹性抗力作用。对于刚性涵管,涵管变形较小,两侧的土可近似认为对涵管产生主动土压力作用。

侧向土压力可按朗金土压力理论确定。当涵侧为直壁,如箱涵或盖板暗沟[图2-12a)],距地面 h 处的侧向土压力:

$$q_x = \gamma h \xi = \gamma h \tan^2(45° - \varphi/2) \tag{2-17}$$

式中:ξ——土的侧压力系数;
γ——回填土的重度;
φ——回填土的内摩擦角;
h——地面到计算点的距离。

按上述计算出的侧压力呈梯形分布。

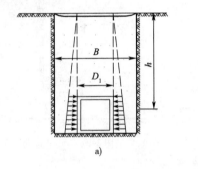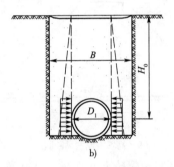

图 2-12 涵管的侧向土压力

对于圆形涵管[图2-12b)],由于曲线形管壁的影响,其侧压力不按上述直线规律分布。实际上在管的上半部略大于按式(2-17)算出的值,而下半部略小于计算的值。为了简化计算,通常假定圆形涵管侧压力按均匀分布,其侧压力大小取涵管中心处的 q_x 值,即:

$$q_x = \gamma H_0 \tan^2(45° - \varphi/2) \tag{2-18}$$

式中:H_0——地面至涵管中心的距离。

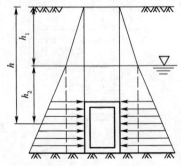

图 2-13 地下水位以下的涵管侧压力

作用于侧向的土压力的合力为:

$$G_x = q_x D_1 \tag{2-19}$$

侧压力对圆管起支撑作用,可使管道所受的最大弯矩减小,对管体受力是有利的。

当涵管位于地下水位以下时(图2-13),水位以下部分侧壁上的侧压力应为土压力与地下静水压力之和:

$$q_x = \gamma_w h_2 + (\gamma h_1 + \gamma' h_2)\xi \tag{2-20}$$

式中:γ_w——地下水的重度,可取 10kN/m^3;
γ'——土在水下的浮重度。

第三节　机动荷载计算

机场的各种桥涵和排水结构物,除受土压力作用外,还经常受地面机动荷载的作用,如飞机荷载、汽车荷载等。

一、飞机荷载

位于跑道、滑行道、停机坪、土跑道等飞机活动范围内的排水结构物,都要考虑飞机荷载的作用。飞机荷载的大小,主要是根据使用该机场的机种以及飞机在各个区域的活动情况来定的。对于跑道、滑行道等道面下的沟管,一般按设计机型的最大起飞重量设计,对土跑道等地的沟管,一般按设计机型的最大着陆重量设计。对飞机不可能到达的地区,一般按汽车荷载设计。

机轮在地面上的轮印面积按矩形考虑。其轮印面积为:

$$A = \frac{P}{1\,000q} \tag{2-21}$$

式中：A——轮印面积(m^2)；
　　　P——机轮荷载(kN)；
　　　q——轮胎压力(MPa)。

轮印分布长度：　　　　　　$a = 1.205 A^{1/2}$

轮印分布宽度：　　　　　　$b = 0.83 A^{1/2}$

常用飞机的主要技术参数见表 2-4。

常用飞机的主要技术参数　　　　　　表 2-4

机　型	最大起飞荷载(kN)	最大着陆荷载(kN)	主起落架间距(m)	主起落架荷载分配系数	主起落架构形	主轮的轮距(cm)	主轮的轴距(cm)	轮胎压力(MPa)
歼-6	86.56	71.63	4.16	0.884	单轮			1.08
歼-7	84.88	66.71	2.69	0.886	单轮			0.98
歼-8	162.18	107.91	3.74	0.892	单轮			1.27
歼-8Ⅱ	194.49		3.74	0.925	单轮			1.27
强-5	108.85	82.40	4.40	0.874	单轮			0.98
轰-6	743.34	539.55	9.78	0.925	双轴双轮	59/65	117	0.88
歼轰-7	277.57	207.28	7.90	0.95	双轮	43		1.23
苏-27	323.73	206.01	4.34	0.93	单轮			1.23
苏-30	338.45	231.52	4.34	0.93	单轮			1.20~1.54
运-7	277.28	213.9	4.92	0.95	双轮	50		1.23
运-8	608.01	569.0	4.92	0.95	双轮双轴	49	123	0.78
伊尔-76	1 863.9	1 486.2	6.10	0.92	双轴四轮	62,82,62	260	0.52
B737-200	553.4	475.6	5.23	0.935	双轮	78		1.15
B737-700	686.8	574.3	5.72	0.93	双轮	86		1.41
B737-800	774.4	6 503	5.72	0.95	双轮	86		1.41
B757-200(2B)	1 066.8	882.0	7.32	0.932	双轴双轮	86	114	1.26
B767-200ER	1 534.4	1 235.7	9.30	0.938	双轴双轮	114	142	1.24

续上表

机型	最大起飞荷载(kN)	最大着陆荷载(kN)	主起落架间距(m)	主起落架荷载分配系数	主起落架构形	主轮的轮距(cm)	主轮的轴距(cm)	轮胎压力(MPa)
B747-400COMBI	3 781.0	2 802.4	3.81 11.02	0.964	双轴双轮①	112	147	1.35
B777-200	2 624.2	2 024.3	10.97	0.954	三轴双轮	140	145	1.38
MD-82	665.0	578.3	5.08	0.939	双轮	71		1.17
A319-100	743.7	612.6	7.59	0.93	双轮	93		1.25
A320-200	740.7	632.7	7.59	0.93	双轮	93		1.14
A310-300	1 471.5	1 206.2	9.60	0.942	双轴双轮	93	140	1.37
A300B4-200	1 618.1	1 314.1	9.60	0.890	双轴双轮	93	140	1.40
A380	5 493.6	3 787.7	5.264 12.456	0.951	三轴双轮② 双轴双轮	153 135	170 170	1.47

注：①B-747共4个主起落架，均为双轴双轮。
②A380共4个主起落架，机腹下主起落架为三轴双轮，机翼下主起落架为双轴双轮。

二、汽车荷载

由于汽车种类非常多，荷载各不相同，而且在不断发展，所以在设计中无法按某一种车型进行设计，必须拟定一种既满足目前国内车辆状况，又能适当考虑将来发展的全国统一的荷载标准，作为公路和桥梁设计的依据。我国原桥涵设计规范中，将汽车荷载分为4个等级：汽车—10级、汽车—15级、汽车—20级和汽车—超20级。各等级均为一个车队，其中一辆为重车，其余为主车，主车数量不限。各级汽车的纵向排列如图2-14所示，汽车的平面尺寸和横向布置如图2-15所示。各级汽车的主要技术指标见表2-5。此外，还用平板挂车或履带车作为验算荷载。

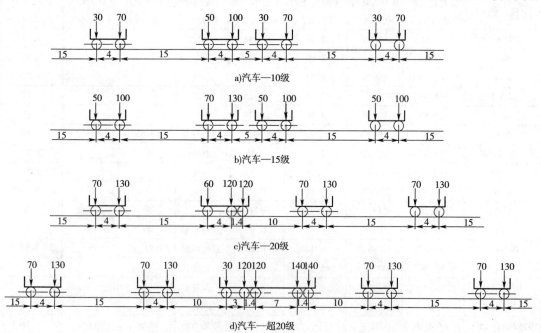

图2-14 原规范中各级汽车车队的纵向排列（轴重力单位：kN；尺寸单位：m）

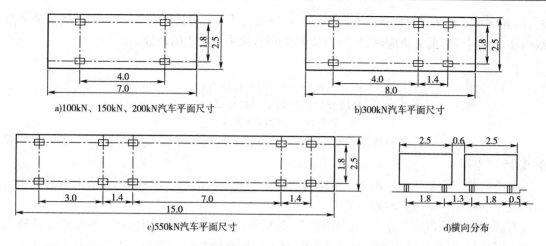

图 2-15　各级汽车的平面尺寸和横向布置(尺寸单位:m)

各级汽车荷载主要技术指标　　　　　　　　　　　　　　　　　　　表 2-5

主要指标	单位	汽车—10级 主车	汽车—15级 主车	汽车—20级 主车	汽车—超20级 主车	重车
一辆汽车总重	kN	100	150	200	300	550
一行汽车中重车数量	辆	—	1	1	1	1
前轴重力	kN	30	50	70	60	30
中轴重力	kN	—	—	—	—	2×120
后轴重力	kN	70	100	130	2×120	2×140
轴距	m	4	4	4	4+1.4	3+1.4+7+1.4
轮距	m	1.8	1.8	1.8	1.8	1.8
前轮着地宽度及长度	m×m	0.25×0.2	0.25×0.2	0.3×0.2	0.3×0.2	0.3×0.2
中后轮着地宽度及长度	m×m	0.5×0.2	0.5×0.2	0.6×0.2	0.6×0.2	0.6×0.2
车辆外形尺寸(长×宽)	m×m	7×2.5	7×2.5	7×2.5	8×2.5	15×2.5

在新版的《公路桥涵设计通用规范》(JTG D60—2004)中,对汽车荷载作了重大调整。分为公路—Ⅰ级和公路—Ⅱ级两个等级,相当于原汽车—超20级和汽车—20级。取消了原来的汽车—15级和汽车—10级。另外,也不再出现挂车和履带车荷载。

新规范中汽车荷载分为车道荷载和车辆荷载。车道荷载由均布荷载和集中荷载组成,桥梁结构整体计算采用车道荷载,桥梁结构的局部加载、涵洞、桥台和挡土墙土压力等的计算采用车辆荷载。车道荷载和车辆荷载作用不得叠加。车道荷载的作用图式如图 2-16 所示。

公路—Ⅰ级的均布荷载标准值为 $q_k = 10.5 \text{kN/m}$;集中荷载标准值,桥梁计算跨径≤5m

时,$P_k = 180$kN,桥梁计算跨径≥50m时,$P_k = 360$kN,桥梁计算跨径在5～50m时,P_k值采用直线内插求得。计算剪力效应时,集中荷载标准值P_k应乘以1.2的系数。

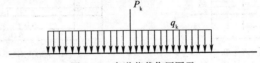

图2-16 车道荷载作用图示

公路—Ⅱ级车道荷载的均布荷载标准值q_k和集中荷载标准值P_k按公路—Ⅰ级车道荷载的0.75倍采用。

车道荷载的均布荷载应满布于使结构产生最不利效应的同号影响线上,集中荷载只作用于相应影响线中一个最大的峰值处。

车辆荷载与原汽车—超20级中的重车(550kN)相同,其立面见图2-17,平面尺寸和横向排列见图2-15,各项技术指标可见表2-5中550kN汽车的指标。汽车—Ⅰ级和汽车—Ⅱ级采用相同的车辆荷载标准。

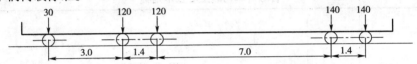

图2-17 车辆荷载的立面(尺寸单位:m;荷载单位:kN)

三、机动荷载的选用

在机场桥涵和排水结构物设计中,机动荷载的选用对结构的安全和造价有很大影响。在军用机场的飞行区,应按《军用机场排水工程设计规范》(GJB 1230A—2012)的规定选用,表2-6是该规范的规定。拖机道上的桥涵,按飞机的最大着陆重量和牵引车的轮载设计。民用机场排水结构物的荷载标准,原《民用航空运输机场飞行区技术标准》(MHJ 01—1995)做了规定,见表2-7。但在新的标准中,对荷载没有作规定。在实际设计中,一般仍参照原标准选用。对离跑道较远,飞机到达的可能性很小的地方,飞机荷载可按偶然作用考虑。公路上的各种桥涵,按《公路桥涵设计通用规范》(JTG D60—2004)进行设计,见表2-8。

军用机场中甲、乙级道路上的桥涵参照三级公路桥涵的荷载标准,丙、丁级道路的桥涵参照四级公路桥涵的荷载标准执行。

在机场截排洪沟设计中,与农村道路相交较多,需要修建各种农用桥涵。农用桥涵的荷载与公路桥涵有较大差异,可根据实际情况确定荷载标准。

军用机场排水结构物的飞机、车辆荷载标准(GJB 1230A—2012)　　表2-6

位　　　置	荷　载　标　准
跑道、滑行道、联络道及其他各种道坪和道肩	机场设计机型中的最大飞机荷载
土跑道、端保险道、跑道边20m范围内的平地区(不含道肩)	飞机的最大着陆重量
飞行场地其他地区	二、三、四级机场:公路标准中的车辆荷载;一级机场:公路标准中的车辆荷载的0.7倍

注:1.跑道边缘盖板明沟的盖板应按最大着陆荷载设计,最大起飞荷载偶然使用验算;沟体按最大着陆荷载设计。
　　2.停机坪、滑行道边缘盖板明沟的盖板应按车辆荷载设计,飞机最大起飞荷载偶然使用验算;沟体按车辆荷载设计。
　　3.当飞机荷载小于车辆荷载时,应按车辆荷载设计。

民用机场排水结构物荷载标准（MHJ 01—1995）　　　表2-7

排水结构物的类型和位置	设 计 荷 载
跑道、滑行道及其道肩下的管、沟	设计机型起飞全重
升降带端部、跑道端安全地区下的管沟，以及位于跑道中线及其延长线两侧75m以内的盖板沟及井	设计机型着陆全重
上述范围之外位于跑道与平行滑行道之间的管、沟	汽车—15级

公路桥涵荷载标准（JTG D60—2004）　　　表2-8

公路等级	高速公路	一级	二级	三级	四级
汽车荷载等级	公路—Ⅰ级	公路—Ⅰ级	公路—Ⅱ级	公路—Ⅱ级	公路—Ⅱ级

注：二级公路为干线公路且重型车辆多时，可采用公路—Ⅰ级荷载；四级公路上重型车辆较少时，其桥涵设计所采用的公路—Ⅱ级车道荷载的效应可乘以0.8的折减系数，车辆荷载的效应可乘以0.7的折减系数。

施工时的运输车辆、压路机等荷载，应根据施工设备情况确定，但作用效应不应小于公路标准车辆荷载的0.7倍。

四、机动荷载产生的土压力计算

地面机动荷载通过道面或土基，传递到地下的涵洞或管道上。可按照土力学中的弹性理论进行计算，计算时地面荷载按矩形均布荷载考虑。这种方法比较麻烦，目前在设计中一般采用压力扩散角的近似计算方法。该方法假定荷载面积以某一角度向土中扩散，在深度 H 处，压力均匀分布在相应的扩散面积上。在目前的规范中，扩散角按35°考虑，扩散率为0.7，如图2-18所示。则深度 Z 处土中垂直压力为：

$$q_B = \frac{P}{(a+1.4Z)(b+1.4Z)} \tag{2-22}$$

式中：P——机（车）轮荷载；
　　　a——轮印长度；
　　　b——轮印宽度；
　　　Z——涵管的埋置深度。

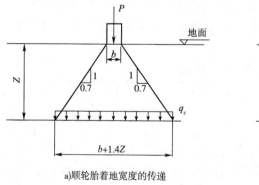
a）顺轮胎着地宽度的传递

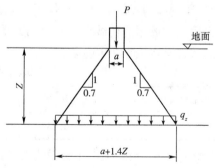
b）顺轮胎着地长度的传递

图2-18　单个轮压在土中的扩散

当飞机的起落架中有两个机轮,且扩散线相重合时,则扩散面积以最外边的扩散线为准,如图2-19所示。

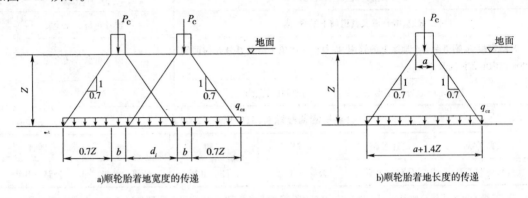

a)顺轮胎着地宽度的传递　　　　　　　b)顺轮胎着地长度的传递

图2-19 多个轮压在土中的扩散

多个机轮扩散面积重合时,也可按同样方法处理。此时作用在深度 Z 处的荷载压力强度按下式计算:

$$q_B = \frac{\sum P}{(ma + \sum_{i=1}^{m-1} e_i + 1.4Z)(nb + \sum_{i=1}^{n-1} d_i + 1.4Z)} \tag{2-23}$$

式中:m——轮轴的数量;

n——单轴的轮数;

e_i——地面前后两个轮印间的纵向净距;

d_i——地面相邻两个轮印间的横向净距。

水泥混凝土道面或路面下的管沟,可不计飞机、车辆荷载的影响,但应计算施工荷载的影响。

机动荷载引起的侧向土压力按主动土压力计算,见式(2-17)。

五、机动荷载的冲击力计算

飞机或汽车在行驶过程中,由于路面不平或发动机振动等原因,会使桥涵或排水结构物出现振动,产生冲击作用。对于埋于地下的涵管,冲击力是通过土体传播的。由于土体是松散结构,对冲击作用起到了扩散和衰减作用。随着深度的增加,冲击影响会急剧地减弱。

冲击荷载一般用静荷载乘以一个动力系数 μ_D 来表示。在军用机场排水设计规范中,飞机和车辆的动力系数按表2-9选取。

飞机、车辆荷载动力系数　　　　表2-9

覆土厚度(m)	≤0.25	0.30	0.40	0.50	0.60	≥0.7
动力系数 μ_D	1.30	1.25	1.20	1.15	1.05	1.00

在公路桥涵中,桥梁上部结构及支座、柱式墩台要考虑汽车冲击作用,填土厚度大于或等于0.5m的拱桥、涵洞、重力式墩台等可不计冲击作用。冲击系数的大小与桥梁结构的基频有关,按表2-10取值。

公路桥涵的冲击系数　　　　　　　　　　　　　　表2-10

结构基频f(Hz)	冲击系数	结构基频f(Hz)	冲击系数
<1.5	$\mu=0.05$	>14	$\mu=0.45$
1.5~14	$\mu=0.1767\ln f-0.0157$		

注:动力系数$\mu_D=1+\mu$。

汽车除了引起的冲击力外,还有离心力、制动力等,可按有关规范进行计算。

设有人行道的桥涵,还要考虑人群荷载。标准跨径小于或等于50m的桥梁,人群荷载按3kN/m²考虑;在城镇郊区行人密集地区,可按3.45kN/m²考虑;专用人行桥梁,按3.5kN/m²考虑。

第四节　内外水压力计算

涵洞在过水时受到内水压力的作用。位于地下水位以下的涵洞,还受到外部水压力的作用。因此要计算内外水压力。

一、涵洞的内水压力计算

1. 无压涵洞的内水压力计算

对无压涵洞,以充满水时内水压力为最大。充满水流的圆涵如图2-20a)所示。内水压力按下式计算:

$$p_w = r_0(1-\cos\theta)\gamma_w \qquad (2\text{-}24)$$

式中:r_0——圆涵横截面内半径;
　　γ_w——水的重度;
　　θ——自垂直直径上端算起的角度。

总重量$G_w = \pi r_0^2 \gamma_w$。

对充满水的箱涵或盖板涵,如图2-20b)所示。作用于垂直边墙上的内水压强呈三角形分布,上部为0,下部为$\gamma_w h_0$(h_0为边墙内侧高度)。作用于底板上的内水压力为$\gamma_w h_0$,总水重$G_w = Dh_0\gamma_w$。

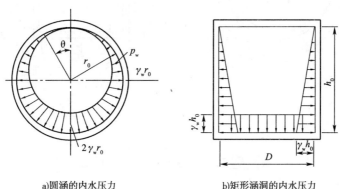

a)圆涵的内水压力　　　　b)矩形涵洞的内水压力

图2-20　无压涵洞的内水压力

2. 有压涵洞的内水压力计算

有压涵洞的内水压力分为两部分,一部分为充满水但无压时的静水压力,见图2-20。另一部分为均匀内水压力,见图2-21。均匀内水压力为自涵洞顶内层算起的水头压力。

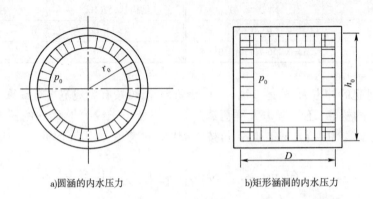

a)圆涵的内水压力 b)矩形涵洞的内水压力

图2-21 有压涵洞的内水压力(均匀部分)

二、涵洞的外水压力计算

当涵洞位于地下水位以下时,涵洞将受到外水压力。涵洞所受的外水压力,也可分为均匀和非均匀两部分。当地下水位正好位于涵洞外顶部时(图2-22),其方向与无压时的内水压力正好相反,为非均匀水压力。计算公式相类似,只不过将圆涵内径 r_0 换成外径 r_1,将箱涵或盖板涵的内高 h_0 换成外高 H。当地下水位高于涵顶时,在涵顶产生水压力 $\gamma_w h$,其中 h 为地下水位距涵顶的距离。这部分水压力均匀作用于涵洞的外部。与非均匀水压力叠加,即得全部水压力。

为使涵洞获得最不利的荷载组合,涵洞外地下水压力仅在涵洞内无水时期的荷载组合情况下加以考虑。

当考虑地下水的外水压力作用时,在垂直和侧向土压力计算中,应取浮重度进行计算。

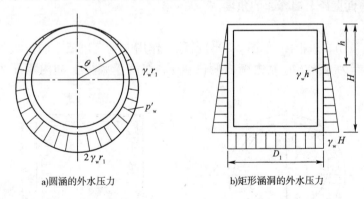

a)圆涵的外水压力 b)矩形涵洞的外水压力

图2-22 涵洞的外水压力

第五节 支承反力计算

一、刚性圆管支承反力计算

作用于圆管上的垂直荷载(垂直土压力、地面机动荷载、管自重等),将由圆管支承面的反力所平衡。支承面反力的合力是很容易确定的,它等于管上荷载的合力。但是因圆管支承反力的分布规律是很复杂的,与圆管基础的种类、圆管的刚度、圆管的铺设方式等有关。为便于实际工程计算,对支承反力的分布规律作了一定的简化处理。简化处理的方法不同,支承反力的分布规律也不一样。目前比较常用的方法是径向位移余弦分布规律假定。这时切向位移分量可忽略不计,其反力分布情况由基础变形条件求解。试验证实,支承反力仅分布于中心角 2α 之间的支点接触面上,如图 2-23 所示。这是因为管侧填土虽经夯实,但受条件限制,不可能达到像基础一样密实,与混凝土基础相比就更不可能了。因此圆管受荷载作用时,管侧填土承担支承反力很小,可以忽略不计。

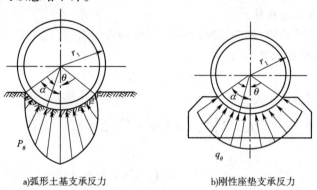

a) 弧形土基支承反力　　　　b) 刚性座垫支承反力

图 2-23　圆管支承反力

1. 弧形土基支承反力的计算

弧形土基上的刚性圆管,其接触面圆心角为 2α。在荷重的作用下,位于圆弧接触面上的圆心角为 θ 处的任意一点 A 产生向下位移,沉入地基中的位移量为 Δ。此位移 Δ 可分解为径向位移分量 ω_θ 和切向位移分量 μ_θ。

$$\begin{cases} \omega_\theta = \Delta\cos\theta \\ \mu_\theta = \Delta\sin\theta \end{cases} \tag{2-25}$$

略去 μ_θ,因为它所引起的切向力与径向位移所引起的法向力相比要小很多。

根据文克尔假定,支承反力与位移成正比,即:

$$P_\theta = K\omega_\theta = K\Delta\cos\theta \tag{2-26}$$

$$K = \overline{K}z = \overline{K}r_1(\cos\theta - \cos\alpha) \tag{2-27}$$

式中:K——土壤地基系数,一般假定它与深度成正比;

$\overline{K}$——比例系数;

r_1——圆管外半径。

取一微弧段分析,支承面的竖向反力为 $P_\theta\cos\theta r_1\mathrm{d}\theta$,对微弧段积分得整个支承面竖向反力的合力:

$$P = 2\int_0^\alpha P_\theta\cos\theta r_1\mathrm{d}\theta = \frac{\overline{K}}{3}r_1^2\Delta(3\sin\alpha + \sin^3\alpha - 3\alpha\cos\alpha) \tag{2-28}$$

这个合力等于整个外力之和 Q_B,即:

$$Q_B = \frac{\overline{K}}{3}r_1^2\Delta(3\sin\alpha + \sin^3\alpha - 3\alpha\cos\alpha) \tag{2-29}$$

由上式得:

$$\Delta = \frac{3Q_B}{\overline{K}r_1^2(3\sin\alpha + \sin^3\alpha - 3\alpha\cos\alpha)} \tag{2-30}$$

将 Δ 及 K 值代入式(2-20)得圆管与接触面上任一点的径向反力为:

$$P_\theta = \frac{3Q_B(\cos\theta - \cos\alpha)\cos\theta}{r_1(3\sin\alpha + \sin^3\alpha - 3\alpha\cos\alpha)} \tag{2-31}$$

根据试验结果证明,式(2-31)求得的弧形土基反力分布规律与实际情况很接近,其分布图形如图 2-23a)所示。

2. 刚性基础支承反力的计算

与弧形土基的情况相似,略去切向位移所引起的切向力,并假定基础反力系数 K 是一个常数,则圆心角 θ 处的基础反力为:

$$q_\theta = K\omega_\theta = K\Delta\cos\theta \tag{2-32}$$

对整个支承面反力积分得:

$$Q_B = 2\int_0^\alpha q_\theta \cos\theta r_1 d\theta = \frac{K}{2}r_1\Delta(\sin2\alpha + 2\alpha) \tag{2-33}$$

$$\Delta = \frac{2Q_B}{Kr_1(\sin2\alpha + 2\alpha)} \tag{2-34}$$

将上式代入式(2-32)得管子与基础接触面上任一点的支承反力为:

$$q_\theta = \frac{2Q_B\cos\theta}{r_1(\sin2\alpha + 2\alpha)} \tag{2-35}$$

支承反力的分布图形如图 2-23b)所示。

从式(2-31)及式(2-35)可以看出,在相同荷载 Q_B 作用下,若支承面的中心角 2α 越大,则在相同位置(θ 相同)上的支承反力 P_θ(或 q_θ)将越小,即静力工作条件越好。

同时比较式(2-31)及式(2-35)可知,在相同的 Q_B 及 α 的情况下,刚性基础上的最大支承反力将小于弧形土基上的最大支承反力,而且刚性基础上的反力也较弧形土基上的反力分布均匀得多。

为了使读者有一个更清晰的数字概念,根据不同的 α 值,现取刚性基础和弧形土基的最大支承反力($\theta = 0$)处作一比较。

当 $\theta = 0$ 时,有:

$$P_\theta = \frac{3Q_B(\cos\theta - \cos\alpha)\cos\theta}{r_1(3\sin\alpha + \sin^3\alpha - 3\alpha\cos\alpha)} = \overline{P}\frac{Q_B}{r_1} \tag{2-36}$$

$$q_\theta = \frac{2Q_B\cos\theta}{r_1(\sin2\alpha + 2\alpha)} = \overline{q}\frac{Q_B}{r_1} \tag{2-37}$$

由上面公式知 $\overline{P}$、$\overline{q}$ 为 α 的函数,对于不同的 α 所对应的 $\overline{P}$ 和 $\overline{q}$ 值列于表 2-11 中。

不同基础形式的支承反力比较　　　　表 2-11

α	0	22.5°	45°	90°
$\overline{P}$	∞	1.88	1.09	0.75
$\overline{q}$	∞	1.34	0.78	0.64

因此,刚性基础上涵管的静力工作条件较弧形土基上的涵管更为有利。

从表2-11中还可看出,采用平基铺管时($\alpha = 0$),在理论上将出现支承反力无限大的情况。但实际上,由于管下基础被挤压,发生了塑性变形区,支承面也将扩大,支承反力也就不可能出现无限大值。尽管如此,它还会给涵管造成极不利的静力工作条件。对于铺筑较小管径的涵管多采用弧形基槽或铺砂垫层的施工方法,至于大管径的涵管则常用中心角 2α 为 90°以上的刚性座垫。

二、平底涵洞的基础反力

箱涵和整体式基础的盖板涵都是平底涵洞。它们的地基反力计算与圆管的地基反力计算方法是不同的。作用在平底涵洞上的垂直荷载全部通过侧墙(或中柱)传至涵洞底面的地基上,由底面的地基反力来平衡。地基反力的分布状态很复杂,与施荷特征及位置、基础刚度和地基土的特性等因素有关。精确的计算应考虑地基的弹性变形影响,用弹性地基梁理论计算作用在基底的反力,求解分布规律,如图 2-24a) 所示。但这样计算工作量较大。

为便于应用,当涵洞跨径较小时,一般将基础反力假定按直线分布。当荷载对称作用时,基底反力按均匀分布考虑,如图 2-24b) 所示。当荷载不对称时,一般呈梯形分布。具体分布形式应根据与外荷载平衡条件求得。

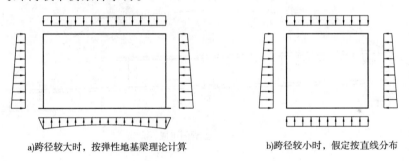

a)跨径较大时,按弹性地基梁理论计算　　b)跨径较小时,假定按直线分布

图 2-24　平底涵洞的基底反力

第三章 涵洞设计

第一节 涵洞的组成与分类

涵洞是为了宣泄地面水流(包括小河)而设置的横穿道路、机场等的排水结构物。按照《公路工程技术标准》(JTG B01—2003)的规定,单孔标准跨径小于5m,多孔跨径小于8m时称为涵洞,否则称为桥梁,但圆管涵和箱涵不论管径或跨径大小、孔数多少,均称为涵洞。在机场工程中,机场排水沟横穿飞行场地或各类道路时需要修建涵洞。机场各类道路和拖机道跨越小河、冲沟、灌渠时也需要修建涵洞。

一、涵洞的组成

涵洞由洞身和洞口两部分组成。洞口又分为进水洞口和出水洞口,如图3-1所示。

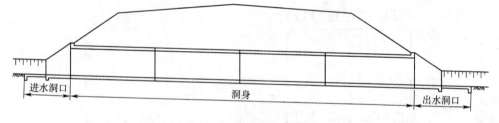

图3-1 涵洞的组成

1. 洞身

洞身是涵洞的主体,有单孔和多孔之分。洞身在道面或路堤下形成必要的孔径以保证水流通过。同时承受垂直土压力、侧向土压力以及地面机动荷载的作用,并将这些荷载传递到地基上去。洞身沿涵洞长度分成若干段,段与段之间设置伸缩缝或沉降缝,以便各段发生不均匀沉降时,不致使洞身破坏。

2. 洞口

涵洞两端应修筑洞口建筑(进水洞口和出水洞口),保护洞身不被冲毁,使涵洞端部与周围路堤填土连接,并创造有利的泄水条件。洞口主要有八字式、端墙式、扭坡式等形式,如图3-2所示。从施工和设计方便考虑,进水洞口与出水洞口一般采用同一形式。

a) 八字式　　　　b) 端墙式　　　　c) 扭坡式

图3-2 涵洞洞口形式

二、涵洞的分类

涵洞可按建筑材料、构造形式、填土情况、水力特性等进行分类。

1. 按建筑材料分类

根据修筑涵洞的材料分,有砖涵、石涵、混凝土涵、钢筋混凝土涵和其他材料的涵洞。

(1)砖涵:主要有砖拱涵。砖涵便于就地取材,但强度较低,在水流含碱较大或冰冻地区易损坏,机场排水中不宜采用。

(2)石涵:可做成石砌盖板涵和石砌拱涵。石涵适用于石料较丰富的地区。可就地取材,成本较低,维护方便,在产石地区使用较多。

(3)混凝土涵:可制成拱涵、圆管涵或小跨径盖板涵。这种涵洞便于预制、节约钢材。但损坏后修理和养护较困难。

(4)钢筋混凝土涵:用于圆管涵、盖板涵、箱涵等。钢筋混凝土涵强度高,经久耐用,养护费用少。钢筋混凝土圆管涵、盖板涵的运输和安装方便。

除上述四种材料外,还有波纹钢管涵、波纹 PE 管涵等新型涵洞,但目前在机场中应用还较少。

2. 按构造形式分类

涵洞按构造形式可分为圆管涵、盖板涵、拱涵和箱涵,如图 3-3 所示。

  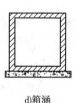

　　a)圆管涵　　　　　　　b)盖板涵　　　　　　c)拱涵　　　　　　d)箱涵

图 3-3　涵洞的构造形式

(1)圆管涵:主要在流量较小、有一定覆土厚度时采用。圆管涵受力性能和适应基础的性能较好,不需墩台,圬工数量少,造价较低。圆管涵的内径一般为 0.5～2.0m,常采用钢筋混凝土预制管。

(2)盖板涵:构造简单,有利于在低路堤上设置,且能建成明涵。盖板涵的墙身和洞底一般用浆砌块石或素混凝土,盖板一般用钢筋混凝土。盖板涵适用性较广,是经常采用的一种结构形式。

(3)拱涵:拱涵一般在跨越深沟或高路堤时设置。拱涵承载能力大,一般用石砌,适用于石料丰富地区。拱涵可分为圆弧拱、半圆拱和卵形拱。

(4)箱涵:用钢筋混凝土浇筑,强度高,整体性好,适用于软土地基。但造价较高,施工较复杂。

3. 按洞顶填土情况和孔数分类

按洞顶填土情况可分为明涵和暗涵两类。明涵是指洞顶不填土的涵洞,适用于低路堤、浅沟渠;暗涵是指洞顶填土大于 50cm 的涵洞,适用于高路堤、深沟渠。

按孔数分,可分为单孔、双孔和多孔。

4. 按水力特性分类

按水力特性,涵洞分为无压力式、半压力式和压力式3种。

三、涵洞类型的选择

在涵洞设计中,应根据使用要求和地形特点等因素选择涵洞的类型。同时,还必须全面考虑技术、经济、施工、养护条件以及有利于农田水利,防止淹没居民点或其他设施等各个方面,以达到适用、安全、节约的目的。

选择涵洞类型,主要考虑以下各点:

1. 地形、水文和水力条件

涵洞类型和孔径大小的选择,首先应考虑地形、水文和水力条件。

涵洞一般采用无压力式。为了提高过水能力,在不造成淹没上游农田、村庄的前提下,允许涵前有较大壅水高度时,可采用压力式或半压力式涵洞。压力式涵洞在设计施工中,必须保证涵身不漏水,进出口、基底及路堤不被冲毁。

设计流量在 $10m^3/s$ 左右时,一般宜采用圆涵。但在路堤高度不能满足圆涵要求时,宜修筑盖板涵。设计流量在 $20m^3/s$ 以上时,若路堤高度可满足最小填土高度,宜采用盖板涵、箱涵或拱涵。

2. 造价

涵洞造价因地区不同有时相差很多。涵洞的造价主要取决于当地材料的价格、运输费用和人工费等。在石料丰富地区,选用石涵较经济。在缺乏石料地区,选用圆涵或混凝土盖板涵较经济。在流量较小时,选用单孔圆涵或钢筋混凝土盖板涵较经济。在流量较大时,选用钢筋混凝土盖板涵或拱涵较经济。

3. 材料选择和施工条件

选用涵洞材料首先要满足使用要求。飞行场地内的涵洞,必须采用坚固耐用的材料,不宜用砖、陶管等修筑涵洞。特别在穿越跑道、滑行道等重要地区,尽量采用钢筋混凝土。在湿陷性黄土地区、膨胀土地区及其他不良土地质区,尽量采用混凝土或钢筋混凝土修建,以防渗水使地基沉陷。材料选用还要因地制宜,尽可能就地取材,以节约造价。

涵洞设计要考虑施工方便。一个机场内不宜用过多的涵洞类型,应尽可能定型化,便于集中预制。设计预制件时,要考虑方便运输和安装。当一个机场内涵洞数量不多,运输、吊装不便时,宜采用现场浇筑。

4. 地质条件

涵洞基础对涵洞使用质量影响很大。拱涵对地基要求较高,不宜修建在软弱地基上。其他类型的涵洞也要求基础不能有过大沉陷。当地基比较松软时,可对地基进行加固处理,或选用钢筋混凝土箱涵。必要时,可进行技术经济比较后确定。

5. 养护维修

涵洞为便于养护,孔径不宜过小,以免杂物堵塞。洞身较长时,为便于人员进入洞内清淤和维修,涵洞尺寸应考虑维护人员进出的需要。如涵洞很长,孔径较小,每隔一段距离应设检查井。

第二节 盖板涵设计

一、盖板涵的构造

盖板涵是最常用的涵洞类型之一。它是一种混合结构,由盖板、两侧边墙(或称涵台)及基础等组成。盖板涵的边墙可用砖石砌体或混凝土修筑。盖板一般用钢筋混凝土。盖板涵用料广泛,设计方便,施工简单,深受广大使用者欢迎。

盖板涵的基本结构如图 3-4 所示。根据流量大小可分为单孔和双孔。在公路或拖机道上,当路堤不高时,经常采用明涵,其结构与板桥相似,如图 3-5 所示。当路堤较高时,采用暗涵,飞行场内一般用暗涵。

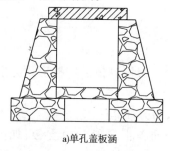
a)单孔盖板涵

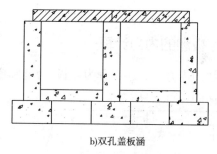
b)双孔盖板涵

图 3-4 盖板涵的结构

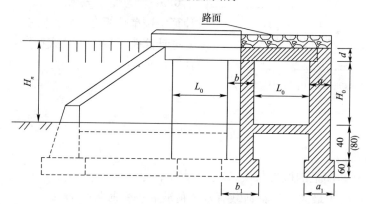

图 3-5 盖板明涵的结构(尺寸单位:cm)

盖板涵的边墙有分离式和整体式两类。分离式边墙可用浆砌块石或混凝土砌筑。大部分盖板涵为分离式边墙。根据受力特点又分为重力式和简支式两种。重力式如图 3-6a)所示,边墙靠自身的重力抵抗侧向土压力的作用。盖板搁置在边墙顶上,不作连接。边墙可采用等厚度断面,也可做成斜坡。简支式如图 3-6b)所示,依靠上部盖板和下部支撑梁的作用抵抗侧向土压力。边墙顶部有耳墙,与盖板顶紧(或填砂浆),起支撑作用。如不做耳墙,则应在盖板和边墙顶上预留栓钉孔,盖板安装后用钢筋作栓钉,并灌注小石子混凝土,起到连接作用。边墙下部设支撑梁,一般每隔 2~3m 设置一根。当跨径较小时,也可加厚底部铺砌(常用 40cm 厚浆砌块石)作支撑。简支式边墙一般用等厚度截面。

整体式边墙如图 3-6c）所示，边墙和底板用混凝土或钢筋混凝土浇筑，形成刚性连接。底板和边墙的厚度不小于 15cm，混凝土强度不低于 C25。这种盖板涵适用于跨径较小的情况，它的强度较高，对地基承载力要求较低，防渗性好，在飞行场地内部经常使用。

跨径较大的盖板涵，当墙身用圬工砌筑时，顶部可设置钢筋混凝土台帽。

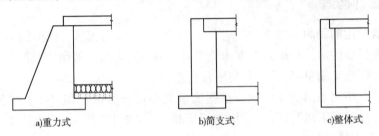

图 3-6　边墙的形式

二、盖板涵的内力计算

盖板涵的内力计算通常分为盖板、边墙和底板三部分。根据具体的连接形式分别选用不同的计算简图进行计算。

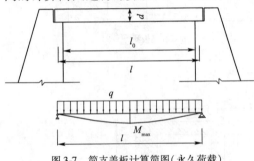

图 3-7　简支盖板计算简图（永久荷载）

1. 盖板内力计算

盖板涵的盖板一般为简支板，如图 3-7 所示。装配式盖板每块板宽一般为 1m，最小不小于 0.5m。为便于安装，实际宽度要小 1cm。在计算中按单位板宽（1m）考虑。

计算跨径按下列公式计算：

计算弯矩时：

$$l = l_0 + t \tag{3-1}$$

计算剪力时：

$$l = l_0 \tag{3-2}$$

式中：l_0——净跨径；

t——盖板在边墙上的搁置长度，其值不大于板厚 d。

简支板弯矩在跨中最大。计算荷载有永久荷载和可变荷载两部分。

永久荷载包括垂直土压力和盖板自重，为布满全跨的均布载，如图 3-7 所示，引起的跨中弯矩为：

$$M = \frac{1}{8}ql^2 \tag{3-3}$$

式中：q——垂直均布荷载。

可变荷载为飞机或汽车荷载，当盖板涵为明涵或覆土较小的暗涵时，荷载分布宽度小于盖板跨径，最不利荷载位置如图 3-8a）所示，则跨中弯矩为：

$$M = \frac{q_B c}{4}\left(l - \frac{c}{2}\right) \tag{3-4}$$

式中：q_B——可变荷载引起的垂直压力，当填土高度较小时需考虑可变荷载动力系数；
c——可变荷载纵向分布宽度。

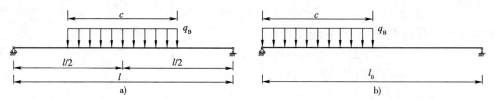

图 3-8 简支盖板计算简图（可变荷载）

对跨径较大的明涵，还可能出现多个车轮（或机轮）同时作用的情况，可根据实际情况找出最不利作用位置，计算出跨中弯矩。

简支板的最大剪力发生在支点处。

永久荷载剪力为：

$$V = \frac{ql_0}{2} \tag{3-5}$$

可变荷载剪力，如图 3-8b）所示时取得最大值：

$$V = q_B c \left(1 - \frac{c}{2l_0}\right) \tag{3-6}$$

最后，可按规范进行荷载组合，计算跨中设计弯矩和支点设计剪力。

2．边墙内力计算

边墙与盖板或底板的连接方式不同，其计算简图和计算方法也不同。可分为重力式、简支式和一端固定一端简支式 3 种。

（1）重力式边墙的计算

重力式边墙一般按挡土墙计算，计算简图如图 3-9 所示。重力式边墙计算的主要内容有：

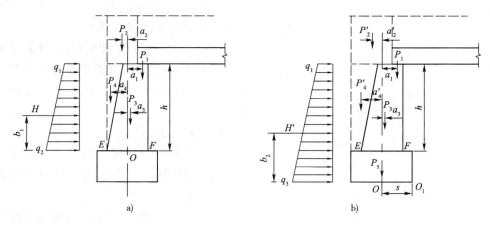

图 3-9 重力式边墙计算简图

①抗滑稳定性计算；
②抗倾覆稳定计算及地基承载力验算；

③边墙底面的应力验算。

当验算底面 EF 的应力时,作用于边墙底面 EF 上的力如图 3-9a)所示。垂直力的合力为:

$$\Sigma P = P_1 + P_2 + P_3 + P_4 \tag{3-7}$$

作用于边墙底面 EF 中点 O 的弯矩为:

$$\Sigma M = P_1 a_1 - P_2 a_2 + P_3 a_3 - P_4 a_4 + H b_1 \tag{3-8}$$

式中: P_1——由盖板传来的荷载;

P_2——边墙顶上的填土重;

P_3——边墙自重;

P_4——边墙后的三角形土重;

H——侧向土压力的合力;

a_1、a_2、a_3、a_4、b_1——分别为 P_1、P_2、P_3、P_4、H 对 O 点的力臂。

当进行抗滑稳定、抗倾覆稳定及地基承载力验算时,作用于基础底面上的力如图 3-9b)所示。垂直力的合力为:

$$\Sigma P = P_1 + P_2' + P_3 + P_4' + P_5 \tag{3-9}$$

各垂直力对基础底面重心点 O 取力矩:

$$\Sigma M_1 = P_1 a_1 - P_2' a_2' + P_3 a_3 - P_4' a_4' \tag{3-10}$$

水平力对基础底面重心点 O 取力矩:

$$\Sigma M_2 = H b_2 \tag{3-11}$$

式中: P_2'——基础边缘垂线右侧墙顶上面的土重;

P_4'——边墙后梯形面积的土重;

P_5——基础自重;

a_1、a_2'、a_3、a_4'、b_2——分别为 P_1、P_2'、P_3、P_4'、H' 对 O 点的力臂;

P_1、P_3 的意义同前。

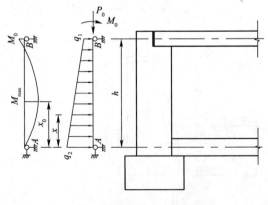

图 3-10 简支式边墙计算简图

在 ΣM_1 的计算中,各垂直力的力矩与水平力矩同方向为正,反方向为负。

为求得最不利的荷载组合,在计算盖板传来的荷载 P_1 时,可不考虑地面可变荷载的影响,而在计算侧向土压力时,应考虑地面可变荷载。

(2)简支边墙计算

简支边墙计算如图 3-10 所示。图中边墙为一偏心受压杆件。其各断面弯矩可按受梯形荷载作用的简支梁进行计算。

简支梁 A、B 两端分别取盖板与支撑梁厚度的 1/2 处。其中 P_0 为作用于边墙上的垂直力的合力,M_0 为各垂直力对边墙中心线的力矩之和。

简支梁端剪力为:

$$V_{AB} = \frac{q_2 h}{2} - \frac{(q_2 - q_1)h}{6} - \frac{M_0}{h} \qquad (3\text{-}12)$$

$$V_{BA} = -\frac{q_2 h}{2} + \frac{(q_2 - q_1)h}{3} - \frac{M_0}{h} \qquad (3\text{-}13)$$

各截面剪力为:

$$V_x = V_{AB} - q_2 x + \frac{q_2 - q_1}{2h} x^2 \qquad (3\text{-}14)$$

简支梁各截面弯矩为:

$$M_x = V_{AB} x - \frac{1}{2} q_2 x^2 + \frac{q_2 - q_1}{6h} x^3 \qquad (3\text{-}15)$$

最大弯矩位置按下式计算:

$$x_0 = \frac{q_2 - \sqrt{q_2^2 - 2PV_{AB}}}{P} \qquad (3\text{-}16)$$

其中:

$$P = \frac{q_2 - q_1}{h} \qquad (3\text{-}17)$$

最大弯矩值按下式计算:

$$M_{\max} = V_{AB} x_0 - \frac{1}{2} q_2 x_0^2 + \frac{q_2 - q_1}{6h} x_0^3 \qquad (3\text{-}18)$$

当偏心弯矩 M_0 较小时,内力计算中可略去不计,这样处理对于结构是偏于安全的。

(3)一端固定一端简支边墙的计算

对整体式边墙可看成是一端固定一端简支,对基础埋置较深的分离式边墙,也可看成一端固定一端简支。其计算简图如图 3-11 所示。

梁端弯矩为:

$$M_{AB} = -\frac{h^2}{120}(8q_2 + 7q_1) + \frac{M_0}{2} \qquad (3\text{-}19)$$

梁端剪力为:

$$V_{AB} = \frac{q_2 h}{2} - \frac{(q_2 - q_1)h}{6} - \frac{M_{AB} + M_0}{h} = \frac{(9q_1 + 16q_2)h}{40} - \frac{3M_0}{2h} \qquad (3\text{-}20)$$

$$V_{BA} = -\frac{q_2 h}{2} + \frac{(q_2 - q_1)h}{3} - \frac{M_{AB} + M_0}{h} = -\frac{(11q_1 + 4q_2)h}{40} - \frac{3M_0}{2h} \qquad (3\text{-}21)$$

各截面剪力为:

$$V_x = V_{AB} - q_2 x + \frac{q_2 - q_1}{2h} x^2 \qquad (3\text{-}22)$$

各截面弯矩为:

$$M_x = M_{AB} + V_{AB} x - \frac{1}{2} q_2 x^2 + \frac{q_2 - q_1}{6h} x^3 \qquad (3\text{-}23)$$

最大弯矩位置与简支边墙最大弯矩位置的计算公式[式(3-16)]相同。
最大弯矩值按下式计算:

$$M_{\max} = M_{AB} + V_{AB}x_0 - \frac{1}{2}q_2 x_0^2 + \frac{q_2 - q_1}{6l}x_0^3 \tag{3-24}$$

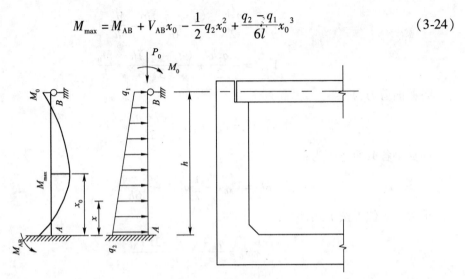

图 3-11　一端固定一端简支边墙计算简图

3. 底板内力计算

与边墙固结的底板,可按倒置梁进行计算。图 3-12 和图 3-13 分别为单孔和双孔盖板涵底板的计算简图。图中 q_4 为平衡上部所有垂直荷载的地基反力。底板的计算跨度 l 通常取墙外缘长度。图 3-12 中 $M_{AB} = M_{AD}$,由式(3-19)计算。图 3-13 中双孔连续板支座 C 处的弯矩为:

$$M_C = 0.125 q_4 l^2 - 0.5 M_{AC} \tag{3-25}$$

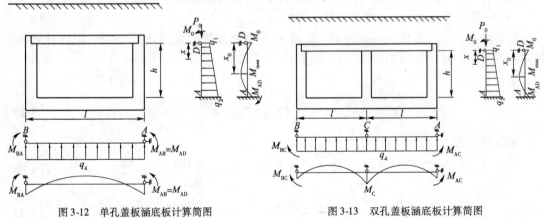

图 3-12　单孔盖板涵底板计算简图　　　图 3-13　双孔盖板涵底板计算简图

单孔或双孔底板每一孔的端弯矩已知后,杆端剪力、各截面剪力和弯矩可根据前面的方法计算。

三、盖板涵的强度验算

1. 盖板的强度验算

盖板多数为钢筋混凝土结构,一般为受弯构件,可分为强度计算、限制裂缝开展宽度计算两部分。其中强度计算有正截面和斜截面配筋计算。飞行场内的盖板涵可按《混凝土结构设计规范》(GB 50010—2010)的要求计算,公路上的盖板涵应按《公路钢筋混凝土及预应力混凝土桥涵设计规范》(JTG D62—2004)的要求计算。这里介绍《混凝土结构设计规范》(GB 50010—2010)的计算方法。

(1)正截面强度计算

盖板的厚度根据经验初步拟定后,需根据弯矩大小确定配筋。可按下列步骤进行:

①选定混凝土强度等级及钢筋牌号。混凝土等级不低于C25。

②确定有效高度h_0。$h_0 = d - a$(d为盖板的厚度,a为钢筋中心至受拉区边缘的距离)。

③由下式求得α_s:

$$\alpha_s = \frac{M}{f_c b h_0^2} \tag{3-26}$$

并计算:

$$\xi = 1 - \sqrt{1 - 2\alpha_s} \tag{3-27}$$

验算:

$$\xi \leq \xi_b$$

④按下式计算配筋率:

$$\rho = \xi f_c / f_y \tag{3-28}$$

并计算钢筋面积:

$$A_s = \rho b h_0 \tag{3-29}$$

验算:

$$A_s \geq \rho_{\min} b d \tag{3-30}$$

式中:M——计算弯矩;

b——盖板的宽度;

f_c——混凝土抗压强度设计值,见附表 A-1;

ξ_b——界限相对受压区高度,可查规范;

f_y——受拉钢筋强度设计值,见附表 A-4;

A_s——纵向受拉钢筋的截面面积;

$\rho_{\min}$——最小配筋率,按规范选取。

⑤进行配筋,选择合适的钢筋直径及根数。

(2)斜截面强度计算

斜截面强度计算主要校核截面厚度是否满足要求,是否需要配筋等。当剪力较小时,斜截面可不配筋,否则配箍筋或斜筋。

计算步骤:

①验算截面尺寸是否合适

对于$h_0/b \leq 4$的截面有:当$V \leq 0.25\beta_c f_c b h_0$时,截面厚度合适;否则需增大截面厚度重新计算。

②校核是否需配箍筋或斜筋

对一般受弯构件,当$V \leq 0.7\beta_h f_t b h_0$,不需要配箍筋和斜筋。否则,要根据计算配筋。

③计算箍筋和斜筋

单独配箍筋时,对承受均布荷载或一般受弯构件:

$$V \leqslant 0.7f_t bh_0 + f_{yv}\frac{A_{sv}}{s}h_0$$

则：
$$\frac{A_{sv}}{s} \geqslant \frac{V - 0.7f_t bh_0}{f_{yv}h_0} \tag{3-31}$$

同时配箍筋和斜筋时，先选定箍筋的直径和间距，并按下面两式计算：

$$V_{cs} = 0.7f_t bh_0 + f_{yv}\frac{A_{sv}}{s}h_0 \tag{3-32}$$

$$A_{sb} = \frac{V - V_{cs}}{0.8f_y \sin\alpha} \tag{3-33}$$

承受集中荷载(集中荷载对支座或节点边缘所产生的剪力占总剪力的75%以上的情况)的独立梁，当 $V \leqslant \frac{1.75}{\lambda + 1}f_t bh_0$ 时，不需要配箍筋和斜筋，否则需要配筋。

单独配箍筋时：

$$\frac{A_{sv}}{s} \leqslant \frac{V - \frac{1.75}{\lambda + 1}f_t bh_0}{f_{yv}h_0} \tag{3-34}$$

同时配箍筋和斜筋时：

$$V_{cs} = \frac{1.75}{\lambda + 1}f_t bh_0 + f_{yv}\frac{A_{sv}}{s}h_0 \tag{3-35}$$

然后用式(3-33)计算斜筋面积。

上式式中：V——设计剪力；

V_{cs}——混凝土和箍筋的受剪承载力设计值；

β_c——混凝土强度影响系数，当混凝土强度等级不超过 C50 时，取 $\beta_c = 1.0$；当混凝土强度等级为 C80 时，取 $\beta_c = 0.8$；其间按线性内插法确定；

f_c——混凝土轴心抗压强度设计值；

f_t——混凝土轴心抗拉强度设计值；

β_h——截面高度影响系数，$\beta_h = \left(\frac{800}{h_0}\right)^{1/4}$，当 $h_0 < 800$mm 时，取 $h_0 = 800$mm（$\beta_h = 1.0$）；当 $h_0 > 2000$mm 时，取 $h_0 = 2000$mm；

f_{yv}——箍筋抗拉强度设计值；

f_y——斜筋抗拉强度设计值；

A_{sv}——同一截面内箍筋的截面总面积，$A_{sv} = nA_{sv1}$，n 为同一截面内箍筋的肢数；A_{sv1} 为单肢箍筋的截面积；

s——箍筋的间距；

A_{sb}——斜筋的截面积；

α——斜筋弯起角，一般为 45°；

λ——计算截面剪跨比，可取 $\lambda = a/h_0$，a 为集中荷载作用点到支座或节点边缘的距离；当 $\lambda < 1.5$ 时，取 $\lambda = 1.5$，当 $\lambda > 3$ 时，取 $\lambda = 3$。

按式(3-33)计算构件斜筋时,剪力的取值按如下规定:

当计算从支座算起的第一排斜筋时,V 取支座边缘处的剪力。当计算以后各排斜筋,V 取前一排斜筋弯起点处的剪力。斜截面的配筋计算要进行到不需要配置斜筋时为止。

当斜筋用受拉区主筋弯起时,还要校核弯起后正截面强度是否满足要求。如不满足要求,斜筋不应全部由主筋弯起,而需另加一部分。

2. 边墙的强度和稳定性验算

(1)边墙的强度计算

盖板涵的边墙一般为浆砌块石或混凝土结构,可按《公路圬工桥涵设计规范》(JTG D61—2005)计算,采用极限强度法。边墙主要承受竖向压力和弯矩,可按偏心受压构件验算强度。

当偏心距 $e = M/N$ 较小时,满足表3-1所示的要求,强度则由材料的抗压强度来控制。对于砌体结构(包括砌体与混凝土组合):

$$\gamma_0 N_d < \varphi A f_{cd} \tag{3-36}$$

式中:γ_0——结构重要性系数,对于穿越道面或道面边缘的排水结构取1.0,其余取0.9;

N_d——轴向力设计值;

f_{cd}——砌体轴心抗压强度设计值,见附表 A-7~附表 A-9;

A——截面面积;

φ——偏心受压构件承载力影响系数,按下式计算:

$$\varphi = \frac{1 - \left(\dfrac{e}{s}\right)^m}{1 + \left(\dfrac{e}{r_w}\right)^2} \cdot \frac{1}{1 + a\beta(\beta - 3)\left[1 + 1.33\left(\dfrac{e}{r_w}\right)^2\right]} \tag{3-37}$$

式中:s——截面重心至偏心方向截面边缘的距离;

r_w——在弯曲平面内截面的回转半径,$r_w = \sqrt{\dfrac{I}{A}}$,这里 I 是截面惯性矩,A 是截面面积;

m——截面形状系数,圆形截面取2.5,T形或双曲拱截面取3.5,箱形或矩形截面取8;

a——与砂浆强度有关的系数,当砂浆强度等级大于等于 M5 或为组合构件时,a 为 0.002,当砂浆砌度为 0 时(干砌),a 为 0.013;

β——构件的长细比,按下式计算:

$$\beta = \frac{\gamma_\beta l_0}{3.5 r_w} \tag{3-38}$$

式中:γ_β——不同砌体材料长细比修正系数,按表3-2采用;

l_0——构件计算长度,按表3-3采用;

r_w 意义同式(3-37)。

当 $\beta < 3$ 时,取 $\beta = 3$。

容 许 偏 心 距 e_0　　　　表3-1

作用组合	偏心距限值 e_0	作用组合	偏心距限值 e_0
基本组合	≤0.6s	偶然组合	≤0.7s

长细比修正系数 γ_β 表 3-2

砌体材料类别	γ_β	砌体材料类别	γ_β
混凝土预制块砌体或组合结构	1.0	粗料石、块石、片石砌体	1.3
细料石或半细料石砌体	1.1		

构件计算长度 l_0 表 3-3

构件及其两端约束情况	计算长度 l_0	构件及其两端约束情况	计算长度 l_0
两端固结	$0.5l$	两端均为不移动的铰	$1.0l$
一端固定,一端为不移动的铰	$0.7l$	一端固定,一端自由	$2.0l$

注:l 为杆件支点间长度。

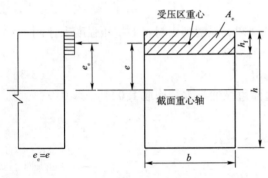

图 3-14 混凝土构件偏心受压

对于混凝土结构,

$$\gamma_0 N_d < \varphi A_c f_{cd} \quad (3-39)$$

式中:A_c——混凝土受压区面积;
f_{cd}——混凝土轴心抗压强度设计值,见附表 A-5;
φ——混凝土轴心受压构件弯曲系数,应按表 3-4 确定。

单向偏心受压时,受压区面积 A_c 应按下式确定(图 3-14):

$$A_c = b(h - 2e) \quad (3-40)$$

混凝土轴心受压构件弯曲系数   表 3-4

l_0/b	<4	4	6	8	10	12	14	16	18	20	22	24	26	28	30
l_0/r_w	<14	14	21	28	35	42	49	56	63	70	76	83	90	97	104
φ	1.00	0.98	0.96	0.91	0.86	0.82	0.77	0.72	0.68	0.63	0.59	0.55	0.51	0.47	0.44

如果偏心距不满足表 3-1 的要求时,应按受拉区强度验算:

$$\gamma_0 N_d < \varphi \frac{A f_{tmd}}{\dfrac{Ae}{W} - 1} \quad (3-41)$$

式中:f_{tmd}——砌体或混凝土的弯曲抗拉强度设计值,见附表 A-5、附表 A-10;
W——截面抵抗矩;
φ——砌体偏心受压构件纵向弯曲系数或混凝土轴心受压构件弯曲系数,分别按式(3-42)计算或表 3-4 查用;
其他符号意义同前。

$$\varphi = \cfrac{1}{1 + a\beta(\beta - 3)\left[1 + 1.33\left(\dfrac{e}{r_w}\right)^2\right]} \quad (3-42)$$

侧墙同时受到剪力的作用。剪力应满足以下要求:

$$\gamma_0 V_d \leq A f_{vd} + \frac{1}{1.4} \mu_f N_k \quad (3-43)$$

式中：V_d——剪力设计值；

f_{vd}——砌体或混凝土的抗剪强度设计值，见附表 A-5、附表 A-10；

A——受剪截面面积；

μ_f——摩擦因数，可取 0.7；

N_k——与受剪截面垂直的压力标准值。

（2）重力式边墙的整体稳定性验算

当分离式边墙顶部没有与盖板进行可靠的连接，且底部没有支撑梁或底板支撑时，应验算边墙的整体稳定性。

①抗倾覆稳定验算

抗倾覆稳定系数 K_0 按下式计算：

$$K_0 = \frac{s}{e_0} \tag{3-44}$$

$$e_0 = \frac{\sum M_1 + \sum M_2}{\sum P_i} \tag{3-45}$$

式中：s——基底重心轴至验算倾覆轴的距离（图 3-9）；

e_0——所有外力的合力对基底重心轴的偏心距；

$\sum M_1$——垂直力对基底重心轴的力矩；

$\sum M_2$——水平力对基底重心轴的力矩。

$\sum M_1$、$\sum M_2$ 的计算见式(3-10)和式(3-11)。在计算中各项荷载均取标准值，即不考虑分项系数和组合系数。

抗倾覆稳定系数必须大于表 3-5 中的数值。

②抗滑稳定性验算

抗滑稳定系数 K_c 按下式计算：

$$K_c = \frac{\mu \sum P_i + \sum H_{iP}}{\sum H_{ia}} \tag{3-46}$$

式中：$\sum P_i$——竖向力总和；

$\sum H_{iP}$——抗滑稳定水平力总和；

$\sum H_{ia}$——滑动水平力总和；

μ——基础底面与地基土之间的摩擦因数，通过试验确定；当缺少资料时，可参照表 3-6 采用。

抗滑稳定系数必须大于表 3-5 中的数值。

抗倾覆和抗滑动稳定系数 表 3-5

	作 用 组 合	验算项目	稳定性系数
使用阶段	永久作用（不计混凝土收缩及徐变、浮力）和飞机（汽车、人群）的标准值效应组合	抗倾覆	1.5
		抗滑动	1.3
	各种作用（不包括地震作用）的标准值效应组合	抗倾覆	1.3
		抗滑动	1.2
施工阶段作用标准值组合		抗倾覆	1.2
		抗滑动	1.2

基底摩擦因数　　　　　　　　　　　　表3-6

地基土分类	μ	地基土分类	μ
黏土(流塑~坚硬)、粉土	0.25	软岩(极软岩~软软岩)	0.40~0.60
砂土(粉砂~砾砂)	0.30~0.40	硬岩(较硬岩、坚硬岩)	0.60、0.70
碎石土(松散~密实)	0.40~0.5		

四、设计实例

1. 设计资料

某机场端保险道端部有一盖板涵,总长200m,净宽4.0m,净高2.0m。盖板采用钢筋混凝土,边墙与底板采用分离式浆砌片石结构,如图3-15所示。盖板涵置于粉质砂土地基上。

计算荷载:覆土厚0.3m,采用沟埋式,填土重度为18kN/m³,内摩擦角为30°,可变荷载为苏-27飞机最大着陆荷载,并用车辆荷载校核。

材料:盖板用C30混凝土,主钢筋为HRB335,分布钢筋为HPB300。侧墙和沟底护砌用M7.5水泥砂浆砌筑片石,石料强度不小于MU30。

2. 初拟盖板涵各部分尺寸(图3-15)

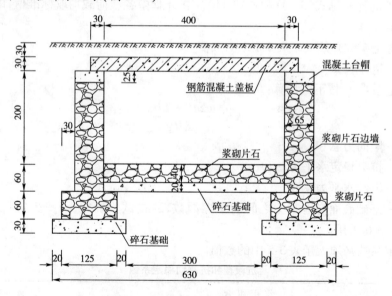

图3-15　盖板涵尺寸图（尺寸单位:cm）

3. 外荷载计算

(1)垂直土压力

埋沟的方式为沟埋式,垂直土压力系数$K=1.2$,则垂直土压力强度为:

$$q_B = K\gamma H = 1.2 \times 18 \times 0.3 = 6.5 \text{(kN/m)}$$

(2)侧向土压力

作用于侧墙顶部的侧向土压力：
$$q'_1 = \gamma H_1 \tan^2(45° - \varphi/2) = 18 \times 0.6 \times \tan^2(45° - 30°/2) = 3.6(\text{kN/m})$$
作用于底板厚度中心线处的侧向土压力：
$$q'_2 = \gamma H_2 \tan^2(45° - \varphi/2) = 18 \times 2.8 \times \tan^2(45° - 30°/2) = 16.8(\text{kN/m})$$
（3）飞机或车辆荷载产生的垂直土压力

飞机最大着陆荷载为206kN，查表2-4得主起落架间距为4.34m，主起落架荷载分配系数为0.93，主起落架为单轮，胎压为1.23MPa。

由于主起落架间距大于跨径，因此只考虑单轮的作用。由于盖板涵埋深0.3m，查表2-9得荷载动力系数为1.25，因此单个主轮的动荷载：
$$P = 1.25 \times 206 \times 0.93/2 = 119.7(\text{kN})$$
主轮地面轮印面积：
$$A = \frac{P}{1\,000q} = \frac{119.7}{1\,000 \times 1.23} = 0.097\,3(\text{m}^2)$$
轮印长度和宽度：
$$a = 1.205\sqrt{A} = 1.205 \times \sqrt{0.097\,3} = 0.38(\text{m})$$
$$b = 0.83\sqrt{A} = 0.83 \times \sqrt{0.097\,3} = 0.26(\text{m})$$
荷载扩散到盖板上的垂直土压力：
$$q_B = \frac{119.7}{(0.26 + 1.4 \times 0.3)(0.38 + 1.4 \times 0.3)} = 220(\text{kN/m}^2)$$
飞机前进方向与盖板长度方向一致，扩散长度 $c = 0.8$ m，在盖板宽度方向扩散宽度为0.68m，小于盖板宽度（1.0m），因此飞机荷载在盖板长度方向的线密度：
$$q = P/c = 149.6(\text{kN/m})$$
车辆荷载校核：车辆荷载为两个主轴，轴重各140kN，轴距为1.4m，横向间距1.8m。同样，车辆行驶方向与盖板长度方向一致。则在宽1m的一块盖板上，只能作用一侧主轮，即70kN。但在跨径方向，可同时作用两排主轮。轮印纵向0.2m，横向0.6m。

荷载扩散到盖板上的垂直土压力（考虑1.25的荷载动力系数）：
$$q_B = \frac{1.25 \times 70}{(0.2 + 1.4 \times 0.3)(0.6 + 1.4 \times 0.3)} = 138.36(\text{kN/m}^2)$$
$c = 0.62$ m, $B = 1.02$ m。由于超过板宽，取板宽1.0m，则车辆荷载在盖板长度方向的线密度为：
$$q = q_B = 138.36(\text{kN/m})$$
（4）盖板自重
$$g = 0.3 \times 25 = 7.5(\text{kN/m})$$
（5）飞机或车辆荷载产生的侧向土压力

取侧墙中心点（深1.7m）的荷载，并按均匀荷载考虑：

深1.7m时不考虑动荷载

①飞机
$$P = 206 \times 0.93/2 = 95.79(\text{kN})$$

轮印尺寸：$a=0.34\mathrm{m}$，$b=0.23\mathrm{m}$。
则垂直应力：
$$q'_B = \frac{95.79}{(0.23+1.4\times 1.7)(0.34+1.4\times 1.7)} = 13.49(\mathrm{kN/m^2})$$
飞机荷载引起的侧向土压力：
$$q_x = \xi q'_B = \tan^2(45°-30°/2)\times 13.49 = 4.50(\mathrm{kN/m^2})$$
②车辆

两排车轮荷载扩散后重叠，则垂直应力：
$$q'_B = \frac{280}{(0.2+1.4+1.4\times 1.7)(0.6+1.8+1.4\times 1.7)} = 14.72(\mathrm{kN/m^2})$$
车辆荷载引起的侧向土压力：
$$q_x = \xi q'_B = \tan^2(45°-30°/2)\times 14.72 = 4.91(\mathrm{kN/m^2})$$

4. 内力计算

(1) 盖板内力计算

盖板为简支板,计算跨径：计算弯矩时,$l=4.3\mathrm{m}$；计算剪力时,$l_0=4.0\mathrm{m}$。
垂直土压力作用时的跨中弯矩：
$$M = \frac{l^2}{8}q_B = \frac{4.3^2}{8}\times 6.5 = 15.02(\mathrm{kN\cdot m})$$
自重作用时的跨中弯矩：
$$M = \frac{l^2}{8}g = \frac{4.3^2}{8}\times 7.5 = 17.33(\mathrm{kN\cdot m})$$
飞机作用时的跨中弯矩：
$$M = \frac{qc}{4}\left(l-\frac{c}{2}\right) = \frac{149.6\times 0.8}{4}\times\left(4.3-\frac{0.8}{2}\right) = 116.7(\mathrm{kN\cdot m})$$
车辆荷载作用时的跨中弯矩：

两排车轮对称作用于跨中,间距为$1.4\mathrm{m}$,则：
$$M = qc\left(\frac{l-1.4}{2}\right) = 138.36\times 0.62\times\left(\frac{4.3-1.4}{2}\right) = 124.4(\mathrm{kN\cdot m})$$
垂直土压力作用时的支点剪力：
$$V = \frac{l_0}{2}q_B = \frac{4.0}{2}\times 6.5 = 13.0(\mathrm{kN})$$
自重作用时的支点剪力：
$$V = \frac{l_0}{2}g = \frac{4.0}{2}\times 7.5 = 15.0(\mathrm{kN})$$
飞机作用时的支点剪力：
$$V = qc\left(1-\frac{c}{2l_0}\right) = 149.6\times 0.8\times\left(1-\frac{0.8}{2\times 4.0}\right) = 107.7(\mathrm{kN})$$
车辆荷载作用时的支点剪力：

一个车轮靠近支座(距离$c/2$),另一个间隔为$1.4\mathrm{m}$,则：

$$V = qc\frac{(l_0 - c/2) + (l_0 - c/2 - 1.4)}{l_0}$$

$$= 138.36 \times 0.62 \times \frac{(4-0.31) + (4-0.31-1.4)}{4.0}$$

$$= 128.2(\text{kN})$$

车辆荷载引起的弯矩和剪力大于飞机荷载，则按车辆荷载设计。
作用效应组合：

$$M = 1.27 \times 15.02 + 1.2 \times 17.33 + 1.4 \times 124.4 = 214.0(\text{kN} \cdot \text{m})$$

$$V = 1.27 \times 13.0 + 1.2 \times 15.0 + 1.4 \times 128.2 = 214.0(\text{kN})$$

（2）侧墙内力计算

由于侧墙与盖板有栓钉连接，侧墙下部有加厚的浆砌片石（40cm厚）支承，因此侧墙的受力形式可按简支式考虑，计算高度 $h = 2.2\text{m}$，侧墙厚度 $d = 0.65\text{m}$。

由于车辆荷载略大于飞机荷载，因此可变荷载按车辆荷载考虑。

侧墙有两种不利的荷载情况，一是车轮作用在涵洞侧面，涵顶仅有自重和土压力，此时侧墙内侧受拉；二是车轮作用在涵顶，侧面仅有侧向土压力，此时压应力最大。

①第一种情况

侧墙顶部的侧向压力：

$$q_1 = 1.27q_1' + 1.4q_x = 1.27 \times 3.6 + 1.4 \times 4.91 = 11.44(\text{kN/m})$$

底板中心处的侧向压力：

$$q_2 = 1.27q_2' + 1.4q_x = 1.27 \times 16.8 + 1.4 \times 4.91 = 28.21(\text{kN/m})$$

侧墙顶部的轴向力 N，由于该轴力对结构有利，取荷载系数1.0，则：

$$N = 13.0 + 15.0 = 28(\text{kN})$$

作用点在盖板支承的中心，离侧墙中心的距离为0.175m，则产生的弯矩 $M_0 = 4.9\text{kN} \cdot \text{m}$。

底板处的支承力：

$$V_{AB} = \frac{q_2 h}{2} - \frac{(q_2 - q_1)h}{6} - \frac{M_0}{h} = \frac{28.21 \times 2.2}{2} - \frac{(28.21 - 11.44) \times 2.2}{6} - \frac{4.9}{2.2} = 22.65(\text{kN})$$

弯矩最大点的位置：

$$P = \frac{q_2 - q_1}{h} = \frac{28.21 - 11.44}{2.2} = 7.62$$

$$x_0 = \frac{q_2 - \sqrt{q_2^2 - 2PV_{AB}}}{P} = \frac{28.21 - \sqrt{28.21^2 - 2 \times 7.62 \times 22.65}}{7.62} = 0.92(\text{m})$$

最大弯矩值：

$$M_{\max} = V_{AB}x_0 - \frac{1}{2}q_2 x_0^2 + \frac{q_2 - q_1}{6h}x_0^3$$

$$= 22.65 \times 0.92 - \frac{1}{2} \times 28.21 \times 0.92^2 + \frac{28.21 - 11.44}{6 \times 2.2} \times 0.92^3 = 9.89(\text{kN} \cdot \text{m})$$

该处的轴力应为顶部轴力与该点上部侧墙自重之和：

$$N = 28 + (2.2 - 0.92) \times 23 \times 0.65 = 47.1(\text{kN})$$

②第二种情况

侧墙顶部总轴力 $N=214.0\mathrm{kN}$,偏心产生的弯矩 $M_0=37.45\mathrm{kN\cdot m}$。

侧向只作用土压力,且对结构有利,取分项系数为 1.0。则:

$$q_1=3.6\mathrm{kN/m}$$

$$q_2=16.8\mathrm{kN/m}$$

$$V_{AB}=\frac{q_2h}{2}-\frac{(q_2-q_1)h}{6}-\frac{M_0}{h}=\frac{16.8\times2.2}{2}-\frac{(16.8-3.6)\times2.2}{6}-\frac{37.45}{2.2}=-3.4(\mathrm{kN})$$

由于 V_{AB} 为负值,方向与侧向土压力一致。此时侧墙顶部弯矩最大,向下逐渐减小。由于侧墙顶端为局部受压,为安全起见,采用 0.25m 厚的混凝土台帽,因此验算断面移到台帽下,即 $x=1.95\mathrm{m}$,此截面的弯矩为:

$$M_x=V_{AB}x-\frac{1}{2}q_2x^2+\frac{q_2-q_1}{6h}x^3$$

$$=-3.4\times1.95-\frac{1}{2}\times16.8\times1.95^2+\frac{16.8-3.6}{6\times2.2}\times1.95^3=-31.16(\mathrm{kN\cdot m})$$

$$N=214.0+1.2\times24\times0.65\times0.25=218.7(\mathrm{kN})$$

5. 强度验算

(1)盖板的强度验算

①正截面

取 $a=50\mathrm{mm}$,$h_0=250\mathrm{mm}$,盖板宽度 1m。材料强度:混凝土 C30,$f_c=14.3\mathrm{MPa}$,$f_t=1.43\mathrm{MPa}$,主钢筋 HRB335,$f_y=300\mathrm{MPa}$。

根据《军用机场排水工程设计规范》(GJB 1230A—2012)的规定,排水结构物穿越道面或在道面边缘时,结构重要性系数取 1.0,否则取 0.9。由于该涵洞位于端保险道,重要性系数取 0.9,设计弯矩 $M=0.9\times214.0=192.6(\mathrm{kN\cdot m})$。

$$\alpha_s=\frac{M}{f_cbh_0^2}=\frac{192.6\times10^6}{14.3\times1\,000\times250^2}=0.215$$

$$\xi=1-\sqrt{1-2\alpha_s}=1-\sqrt{1-2\times0.215}=0.245$$

$$\rho=\xi f_c/f_y=0.232\times14.3/300=0.011\,7$$

$$A_s=\rho bh_0=0.011\,7\times1\,000\times250=2\,925(\mathrm{mm}^2)$$

验算:

$$\xi<\xi_b=0.550$$

$45f_t/f_y=45\times1.43/300=0.215\%$,$\rho_{\min}$ 取 $45f_t/f_y$ 和 0.002 的最大值。

$$A_s\geq\rho_{\min}bd=0.002\,15\times1\,000\times300=645(\mathrm{mm}^2)$$

取 $8\phi22$,$A_s=3\,041(\mathrm{mm}^2)$。

②斜截面

设计剪力 $V=0.9\times214.0=192.6(\mathrm{kN})$,则:

$$V\leq0.7\beta_hf_tbh_0=0.7\times1.0\times1.43\times1\,000\times250/1\,000=250.25(\mathrm{kN})$$

因此不需要配斜筋或箍筋。

盖板的配筋图见图 3-16。其中分布钢筋为 HPB300(Ⅰ级),间距 25cm,直径 10mm。

(2)侧墙的强度验算

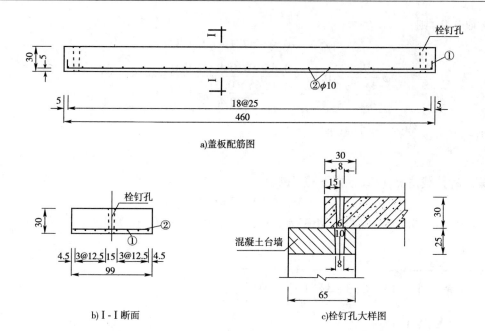

图 3-16　盖板配筋图(尺寸单位:cm)

第一种荷载情况,验算弯矩最大截面:

偏心距:$e = M/N = 9.89/47.1 = 0.21$,则:

$$e/s = 0.21/0.325 = 0.646$$

超过了表 3-1 的规定,因此要验算拉应力。

$$\gamma_0 N_d < \varphi \frac{A f_{tmd}}{\dfrac{Ae}{W} - 1}$$

式中截面面积 $A = 0.65 \text{m}^2$,浆砌片石的弯曲抗拉强度设计值查附表 A-10 得 $f_{tmd} = 0.089 \text{MPa}$,截面抵抗矩 $W = bd^2/6 = 1 \times 0.65^2/6 = 0.0704 \text{m}^3$。

$$\varphi = \frac{1}{1 + \alpha\beta(\beta-3)\left[1 + 1.33\left(\dfrac{e}{r_w}\right)^2\right]}$$

回转半径:

$$r_w = \sqrt{\frac{I}{A}} = \sqrt{\frac{bd^3}{12bd}} = \frac{d}{\sqrt{12}} = \frac{0.65}{\sqrt{12}} = 0.188$$

$\beta = \dfrac{\gamma_\beta l_0}{3.5 r_w}$,查表 3-2 得 $\gamma_\beta = 1.3$,查表 3-3,$l_0 = 1.0 l = 2.2 \text{m}$,则:

$$\beta = \frac{1.3 \times 2.2}{3.5 \times 0.188} = 4.34$$

浆砌片石强度大于 M5,取 $\alpha = 0.002$,则:

$$\varphi = \frac{1}{1 + 0.002 \times 4.34 \times (4.34 - 3) \times \left[1 + 1.33 \times \left(\dfrac{0.21}{0.188}\right)^2\right]} = 0.97$$

γ_0 取 0.9，则：
$$\gamma_0 N_d = 0.9 \times 47.1 = 42.4 (\text{kN})$$
$$\varphi \frac{A f_{tmd}}{\frac{Ae}{W}-1} = 0.97 \times \frac{0.65 \times 0.089 \times 1\,000}{\frac{0.65 \times 0.21}{0.070\,4}-1} = 59.8(\text{kN})$$

则 $\gamma_0 N_d < \varphi \dfrac{A f_{tmd}}{\frac{Ae}{W}-1}$，满足要求。

第二种荷载情况，验算台帽下的浆砌块石顶部。
$$e = 31.16/218.7 = 0.14(\text{m})$$
$e/s = 0.142/0.325 = 0.431$，小于表 3-1 的限值，用式(3-36)验算强度。

$$\varphi = \frac{1-\left(\dfrac{e}{s}\right)^m}{1+\left(\dfrac{e}{r_w}\right)^2} \times \frac{1}{1+\alpha\beta(\beta-3)\left[1+1.33\left(\dfrac{e}{r_w}\right)^2\right]}$$

$$= \frac{1-\left(\dfrac{0.14}{0.325}\right)^8}{1+\left(\dfrac{0.14}{0.188}\right)^2} \times \frac{1}{1+0.002 \times 4.34 \times (4.34-3) \times \left[1+1.33 \times \left(\dfrac{0.14}{0.188}\right)^2\right]} = 0.63$$

浆砌片石的轴心抗压强度设计值查附表 A-9 得 0.63MPa（石料 MU30，砂浆 M7.5），则：
$$\gamma_0 N_d = 0.9 \times 218.7 = 196.8(\text{kN})$$
$$\varphi A f_{cd} = 0.63 \times 0.65 \times 0.63 \times 1\,000 = 258.0(\text{kN})$$

则 $\gamma_0 N_d < \varphi A f_{cd}$，满足要求。

第三节 箱涵设计

一、箱涵的构造

箱涵是框架式结构，它的设计与施工比盖板涵复杂，但它整体性好、强度高、自重轻、防渗好，适用于地基较软弱、防渗要求高的地段。

箱涵的外形为封闭式箱形框架，常用单孔，当流量较大也可用双孔或多孔，如图 3-17 所示。箱涵的净跨和净高常在 1.5～4.0m。顶板、底板和侧墙可根据受力大小选用不同的厚度。为方便施工，顶板和底板也可采用相同的厚度。在初拟尺寸时，厚度可取跨径的 1/10 左右，填土高度较大时，厚度应增大。侧墙与顶板、底板的内壁连接处常做 45°护角，以加强节点刚度。护角尺寸不宜小于 15cm。顶板外面也可做成 2% 的坡度，以利排水。

箱涵常用钢筋混凝土现浇，在公路上，有时也用预制钢筋混凝土结构。箱涵的混凝土强度一般为 C25～C35。箱涵的最大配筋率一般不大于 1.2%，最小配筋率根据有关规范控制。箱涵底板下一般设置垫层，垫层可用碎石或混凝土。采用混凝土垫层时，厚度不小于 10cm，强度不小于 C10。采用碎石垫层时，厚度不小于 20cm。

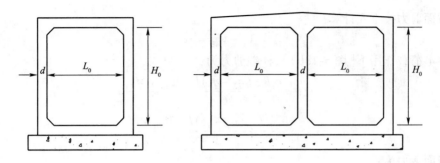

图 3-17 箱涵的结构形式

二、箱涵的内力计算

箱涵在垂直土压力、侧向土压力、地面机动荷载等外荷载作用下,会产生弯矩、剪力和轴力3种内力。箱涵属于超静定结构,其结构内力的大小与各杆的刚度有关。因此,在计算内力前,需预先拟定箱涵的断面尺寸。

求解箱涵结构的内力,一般要建立与未知数相等的条件方程式,并将其联立求解。根据所选未知数的不同,箱涵内力的解法主要分为力法和位移法两种。力法是以多余未知力作为未知量,而位移法则是以结点位移作为未知量。求解箱涵的内力,位移法较为适用。属于这一类的方法有转角位移法、力矩分配法等,详见结构力学教材。

1. 查表法求箱涵杆端弯矩

由于箱涵是超静定结构,虽可用力法和位移法求解,但比较复杂,工作量较大。为了设计方便,还可用查表法计算内力。首先将各种单独荷载作用下杆端弯矩的求解结果列于表中,如表 3-7 ~ 表 3-9。使用时可查相应计算表,并计算出各杆端的弯矩。然后再求解其他各点的弯矩和剪力。查表法求杆端弯矩的步骤如下:

(1)选取计算简图。一般采用形心轴线作为计算简图的尺寸。

(2)计算刚度比 K 或 K'。

(3)按表 3-7 ~ 表 3-9 中的公式分别计算单孔和双孔箱涵在各种单独荷载作用下的杆端弯矩。

(4)将各种单独荷载作用下的杆端弯矩进行叠加。

2. 杆端剪力、跨中各截面弯矩及剪力计算

用查表法解出的仅是各杆端弯矩值。因此还需求解杆端剪力及各截面的弯矩和剪力。其计算方法如下:

(1)杆端及各截面剪力计算

在均布荷载作用下[图 3-18a)],杆端剪力为:

$$V_{AB} = \frac{ql}{2} - \frac{M_{AB} + M_{BA}}{l} \tag{3-47}$$

$$V_{BA} = -\frac{ql}{2} - \frac{M_{AB} + M_{BA}}{l} \tag{3-48}$$

式中:M_{AB}、M_{BA}——杆端弯矩,规定顺时针为正,逆时针为负。

各截面剪力按下式计算：

$$V_x = V_{AB} - qx \tag{3-49}$$

在梯形荷载作用下[图3-18b)]，杆端剪力为：

$$V_{AB} = \frac{q_2 l}{2} - \frac{(q_2-q_1)l}{6} - \frac{M_{AB}+M_{BA}}{l} \tag{3-50}$$

$$V_{BA} = -\frac{q_2 l}{2} + \frac{(q_2-q_1)l}{3} - \frac{M_{AB}+M_{BA}}{l} \tag{3-51}$$

各截面剪力为：

$$V_x = V_{AB} - q_2 x + \frac{q_2-q_1}{2l}x^2 \tag{3-52}$$

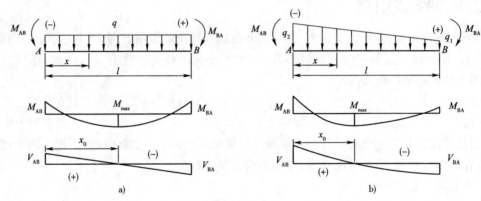

图3-18 杆件各截面剪力、弯矩图

(2) 杆件各截面弯矩计算

图3-18中，在均布荷载或梯形荷载作用下，杆件各截面的弯矩及最大弯矩位置和弯矩值按以下公式计算。

均布荷载作用下[图3-18a)]，各截面弯矩为：

$$M_x = M_{AB} + V_{AB}x - \frac{1}{2}qx^2 \tag{3-53}$$

最大弯矩位置为：

$$x_0 = \frac{V_{AB}}{q} \tag{3-54}$$

最大弯矩值为：

$$M_{max} = M_{AB} + V_{AB}x_0 - \frac{1}{2}qx_0^2 = M_{AB} + \frac{V_{AB}^2}{2q} \tag{3-55}$$

梯形荷载作用下[图3-18b)]，各截面弯矩：

$$M_x = M_{AB} + V_{AB}x - \frac{1}{2}q_2 x^2 + \frac{q_2-q_1}{6l}x^3 \tag{3-56}$$

最大弯矩位置按下式计算：

$$x_0 = \frac{q_2 - \sqrt{q_2^2 - 2PV_{AB}}}{P} \tag{3-57}$$

其中：$P = \dfrac{q_2 - q_1}{l}$。

最大弯矩值按下式计算：

$$M_{\max} = M_{AB} + V_{AB}x_0 - \frac{1}{2}q_2 x_0^2 + \frac{q_2 - q_1}{6l}x_0^3 \tag{3-58}$$

顶板和底板断面相等的单孔箱涵内力计算公式表　　　　　表3-7

序号	示意图	计算公式
1	刚度比 $K = \dfrac{I_2 h}{I_1 l}$	I_2——顶板和底板断面惯性矩； I_1——立墙断面惯性矩； l——跨度； h——高度； M_A、M_B、M_C、M_D——结点 A、B、C、D 处弯矩（内侧受拉为正，外侧受拉为负）
2		$q_4 = q_3 + \dfrac{2P}{l}$ $M_A = M_B = -\dfrac{l^2[q_3(2K+3) - q_4 K]}{12(K^2 + 4K + 3)}$ $M_C = M_D = -\dfrac{l^2[q_4(2K+3) - q_3 K]}{12(K^2 + 4K + 3)}$
3		$M_A = M_B = M_C = M_D = -\dfrac{q_1 h^2 K}{12(K+1)}$
4		$M_A = -\left[\dfrac{K}{6(K+1)} - \dfrac{5K+3}{15K+5}\right]\dfrac{qh^2}{4}$ $M_B = -\left[\dfrac{K}{6(K+1)} + \dfrac{5K+3}{15K+5}\right]\dfrac{qh^2}{4}$ $M_C = -\left[\dfrac{K}{6(K+1)} - \dfrac{10K+2}{15K+5}\right]\dfrac{qh^2}{4}$ $M_D = -\left[\dfrac{K}{6(K+1)} + \dfrac{10K+2}{15K+5}\right]\dfrac{qh^2}{4}$

续上表

序号	示意图	计算公式
5	(梯形受荷示意，q_2 作用)	$M_A = M_B = -\dfrac{q_2 h^2 K(2K+7)}{60(K^2+4K+3)}$ $M_C = M_D = -\dfrac{q_2 h^2 K(3K+8)}{60(K^2+4K+3)}$
6	(部分高度 h_1 受荷 q_5 示意)	$M_A = M_B = -\dfrac{q_5 h^2}{60}\left\{\dfrac{1}{\mu}\left[K^2(5a^3-3a^4)+K(10a^2-3a^4)\right]\right\}$ $M_C = M_D = -\dfrac{q_5 h^2}{60}\left\{\dfrac{1}{\mu}\left[K^2(10a^2-10a^3+3a^4)+K(20a^2-15a^3+3a^4)\right]\right\}$ $a=\dfrac{h_1}{h}\quad \mu=K^2+4K+3$
7	(四周均布荷载 q_6 示意)	$M_A = M_B = M_C = M_D = \dfrac{q_6(h^2 K+l^2)}{12(K+1)}$

顶板和底板断面不等的单孔箱涵内力计算公式表　　表 3-8

序号	示意图	计算公式
1	（示意图：I_2 顶板，I_1 立墙，I 底板，跨度 l，高度 h） 刚度比 $K=\dfrac{I_2 h}{I_1 l}$ $K'=\dfrac{I_2}{I}$	I——底板断面惯性矩； I_2——顶板断面惯性矩； I_1——立墙断面惯性矩； l——跨度； h——高度； M_A、M_B、M_C、M_D——结点 A、B、C、D 处弯矩（内侧受拉为正，外侧受拉为负）
2	（顶部集中力 P 及均布荷载 q_3，底部 q_4 示意）	$q_4 = q_3 + \dfrac{2P}{l}$ $M_A = M_B = -\dfrac{l^2}{12}\times\dfrac{q_3(2K+3K')-q_4 KK'}{K(2+K)+K'(3+2K)}$ $M_C = M_D = -\dfrac{l^2}{12}\times\dfrac{q_4 K'(3+2K)-q_3 K}{K(2+K)+K'(3+2K)}$

第三章 涵洞设计

续上表

序号	示意图	计算公式
3	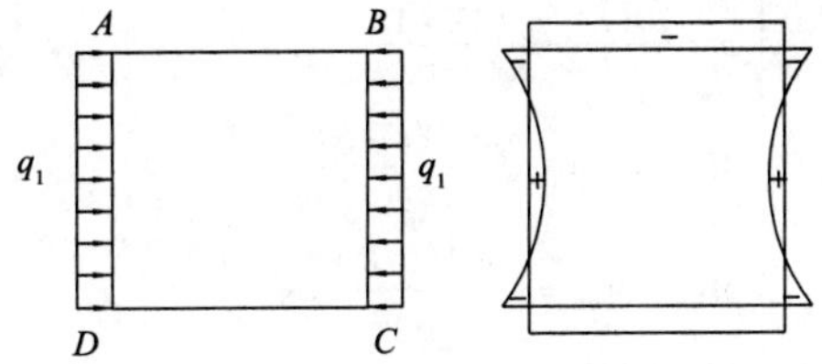 (图：A B D C，q_1两侧)	$M_A = M_B = -\dfrac{q_1 h^2}{12} \times \dfrac{K(K+3K')}{K(2+K)+K'(3+2K)}$ $M_C = M_D = -\dfrac{q_1 h^2}{12} \times \dfrac{K(3+K)}{K(2+K)+K'(3+2K)}$
4	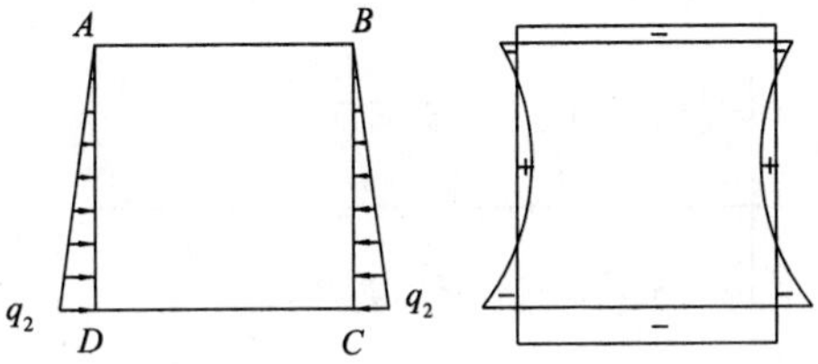 (图：梯形分布 q_2)	$M_A = M_B = -\dfrac{q_2 h^2}{60} \times \dfrac{K(2K+7K')}{K(2+K)+K'(3+2K)}$ $M_C = M_D = -\dfrac{q_2 h^2}{60} \times \dfrac{K(8+3K)}{K(2+K)+K'(3+2K)}$

双孔箱涵内力计算公式表　　　　　　　　　　　表3-9

序号	示意图	计算公式
1	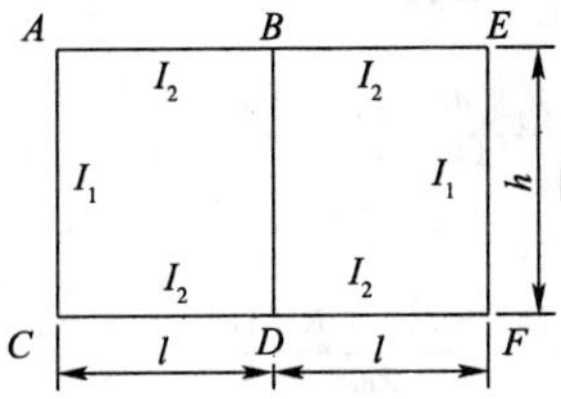 (图：双孔箱涵 A B E / C D F，高h，跨度l，刚度比 $K=\dfrac{I_2 h}{I_1 l}$)	I_2——顶板和底板断面惯性矩； I_1——立墙断面惯性矩； l——跨度； h——高度； M_A、M_B、M_C、M_D——结点A、B、C、D处弯矩（内侧受拉为正，外侧受拉为负）
2	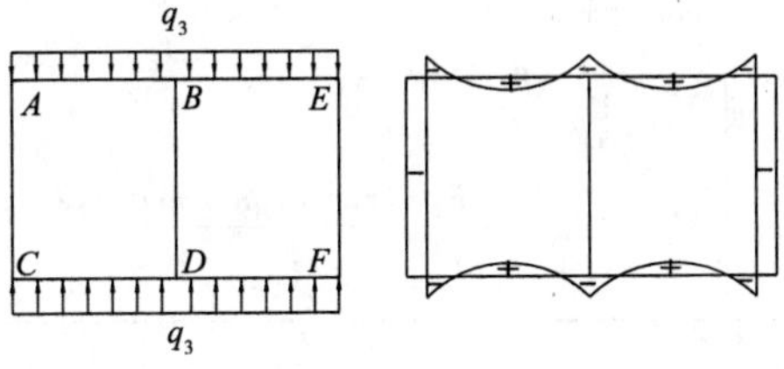 (图：顶底均布荷载 q_3)	$M_A = M_E = M_C = M_F = -\dfrac{q_3 l^2}{12(2K+1)}$ $M_{BA} = M_{BE} = M_{DC} = M_{DF} = -\dfrac{q_3 l^2 (3K+1)}{12(2K+1)}$ $M_{BD} = M_{DB} = 0$
3	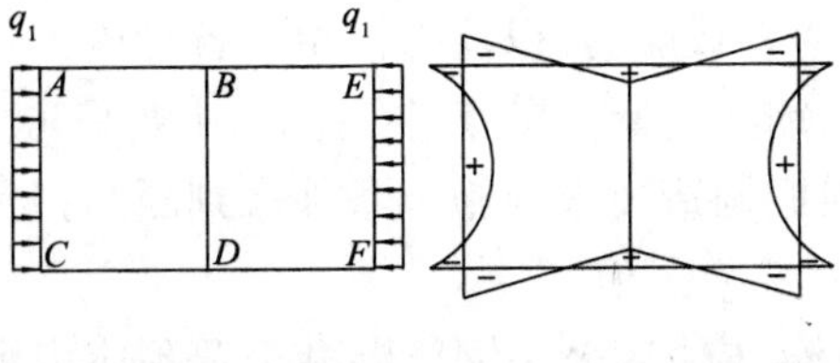 (图：两侧均布荷载 q_1)	$M_A = M_E = M_C = M_F = -\dfrac{q_1 h^2 K}{6(2K+1)}$ $M_{BA} = M_{BE} = M_{DC} = M_{DF} = \dfrac{q_1 h^2 K}{12(2K+1)}$ $M_{BD} = M_{DB} = 0$

续上表

序号	示意图	计算公式
4	(荷载 q_2 作用于AC、EF边，示意图及弯矩图)	$m = \dfrac{20(K+6)(2K+1)}{K}$ $M_A = M_E = -\dfrac{q_2 h^2 (8K+59)}{6m}$ $M_{BA} = M_{BE} = -\dfrac{q_2 h^2 (7K+31)}{6m}$ $M_{BD} = M_{DB} = 0$ $M_C = M_F = -\dfrac{q_2 h^2 (12K+61)}{6m}$ $M_{DC} = M_{DF} = -\dfrac{q_2 h^2 (3K+29)}{6m}$
5	(集中力 P_1 作用于A、E，均布 q_4 作用于CF，示意图及弯矩图)	$\phi = 24(2K+1)(K+6),\ q_4 = \dfrac{P_1}{l}$ $M_{BA} = M_{BE} = -\dfrac{P_1 l(15K^2+49K+18)}{\phi}$ $M_A = M_E = \dfrac{P_1 l(47K+18)}{\phi}$ $M_{BD} = M_{DB} = 0$ $M_C = M_F = -\dfrac{P_1 l(49K+30)}{\phi}$ $M_{DC} = M_{DF} = \dfrac{P_1 l(9K^2+11K+6)}{\phi}$
6	(集中力 P_2 作用于B，均布 q_4 作用于CF，示意图及弯矩图)	$M_{BA} = M_{BE} = \dfrac{P_2 l(9K^2+35K+18)}{2\phi}$ $M_A = M_E = -\dfrac{P_2 l(25K+18)}{2\phi}$ $M_{BD} = M_{DB} = 0$ $M_C = M_F = \dfrac{P_1 l(23K+6)}{2\phi}$ $M_{DC} = M_{DF} = -\dfrac{P_2 l(15K^2+73K+30)}{2\phi}$

三、箱涵的强度和裂缝宽度计算

强度计算的目的是保证设计断面具有足够的承载能力，以能抵抗由于各种内力作用而引起的破坏，并据此确定合理的断面尺寸及所需的钢筋数量。裂缝宽度计算，主要是防止钢筋锈蚀，保证钢筋混凝土箱涵的耐久性。同时还应根据构造要求和施工条件来判断初拟尺寸是否合适。如不合适，则需重新拟定断面尺寸。

箱涵是钢筋混凝土结构。各类公路上的箱涵，应按《公路钢筋混凝土及预应力混凝土桥涵设计规范》(JTG D62—2004)的要求进行强度计算。飞行场内部的箱涵,可按《混凝土结构设计规范》(GB 50010—2010)的要求进行强度计算。下面按这一规范的要求介绍飞行场地内部箱涵的强度计算方法。

箱涵的各部分构件通常受弯矩、剪力和轴力三种内力作用。在进行箱涵配筋计算时应根据不同部位所受上述三种内力的大小采用不同的公式进行配筋计算。对于顶板和底板,主要承受弯矩和剪力,而轴力较小,一般可忽略轴力,按受弯构件设计。这样一般是偏于安全的。对于侧墙和立柱,主要承受轴力和弯矩,可按偏心受压构件设计。当然,在不同的荷载作用下构件受力状况会不相同,应根据具体情况分析。

1. 受弯构件强度计算

箱涵顶板和底板按受弯构件计算,与钢筋混凝土盖板涵的盖板计算相似,可参考本章第二节。

2. 偏心受压构件强度计算

箱涵两边的侧墙主要承受弯矩 M 和轴力 N,可按偏心受压构件计算。偏心受压构件可分为大偏心和小偏心两种。大、小偏心的界限可初步按下式划分:

当 $x \leq \xi_b h_0$ 为大偏心;

当 $x > \xi_b h_0$ 为小偏心。

式中:x——混凝土受压区高度;

ξ_b——相对界限受压区高度,当混凝土强度等级不超过 C50 时,HPB300 级钢筋 $\xi_b = 0.576$;HRB335 级钢筋 $\xi_b = 0.550$;HRB400 级和 RRB400 级钢筋 $\xi_b = 0.518$;

h_0——有效截面高度。

矩形截面偏心受压按下式验算:

$$N \leq \alpha_1 f_c bx + f'_y A'_s - \sigma_s A_s \tag{3-59}$$

$$Ne \leq \alpha_1 f_c bx \left(h_0 - \frac{x}{2} \right) - f'_y A'_s (h_0 - a') \tag{3-60}$$

$$e = e_i + h/2 - a \tag{3-61}$$

$$e_i = e_0 + e_a \tag{3-62}$$

式中:e——轴向压力作用点至纵向受拉钢筋合力点的距离;

e_i——初始偏心距;

e_0——轴向压力对截面重心的偏心距,$e_0 = M/N$;

e_a——附加偏心距,取 20mm 或偏心方向截面尺寸的 1/30 两者中的较大者;

M、N——设计弯矩和轴力;

σ_s——受拉边或受压较小边的纵向钢筋应力;对大偏心受压,取 f_y;对小偏心,则可用式

$\sigma_s = \dfrac{f_y}{\xi_b - \beta_1} \left(\dfrac{x}{h_0} - \beta_1 \right)$ 计算。混凝土强度等级不超过 C50 时,β_1 取 0.8;

b——截面宽度,沿涵洞纵向取单位宽,即 1 000mm;

h——截面厚度;

α_1——系数,混凝土强度等级不超过 C50 时,取 1.0;

f_c——混凝土轴心抗压强度设计值;

a、a'——受拉、受压钢筋合力点至截面近边缘的距离；

f_y、f_y'——受拉、受压钢筋设计强度；

A_s、A_s'——受拉、受压钢筋面积。

考虑轴向压力在挠曲杆件中产生二阶效应时，截面设计弯矩按下式计算：

$$M = C_m \eta_{ns} M_2 \tag{3-63}$$

$$C_m = 0.7 + 0.3 \frac{M_1}{M_2} \tag{3-64}$$

$$\eta_{ns} = 1 + \frac{1}{1\,300(M_2/N + e_a)/h_0} \left(\frac{l_c}{h}\right)^2 \zeta_c \tag{3-65}$$

$$\zeta_c = \frac{0.5 f_c A}{N} \tag{3-66}$$

式中：C_m——杆件端截面偏心距调节系数，当小于0.7时取0.7；

η_{ns}——弯矩增大系数；

M_1、M_2——偏心受压构件两端截面弯矩设计值，绝对值较大端为M_2、较小端为M_1；

ζ_c——截面曲率修正系数，当计算值大于1.0时取1.0；

l_c——侧墙计算高度；

A——截面面积。

(1)大偏心受压

大偏心受压时，一侧钢筋受拉，另一侧钢筋受压。当采用不对称配筋，且A_s和A_s'均未知时：

受压钢筋：

$$A_s' = \frac{Ne - \alpha_{sb} f_c b h_0^2}{f_y'(h_0 - a')} \tag{3-67}$$

受拉钢筋：

$$A_s = \frac{\xi_b f_c b h_0 + A_s' f_y' - N}{f_y} \tag{3-68}$$

式中：α_{sb}——与ξ_b相对应的a_s，$\alpha_{sb} = \xi_b(1 - 0.5\xi_b)$。

若受压钢筋A_s'已知，则：

$$A_s = \frac{\xi f_c b h_0 + A'_s f'_s - N}{f_y} \tag{3-69}$$

$$\xi = 1 - \sqrt{1 - 2a_s}$$

$$\alpha_s = \frac{M'}{f_c b h_0^2}$$

$$M' = Ne - f_y' A_s'(h_0 - a')$$

此时应满足$\alpha_s \leq \alpha_{sb}$。若不满足，则按$A_s'$未知重新计算。同时要满足$x \geq 2a'$，若不满足，应按下式计算：

$$A_s = \frac{Ne'}{f_y(h_0 - a')} \tag{3-70}$$

$$e' = \frac{h}{2} - a' - (e_0 - e_a) \tag{3-71}$$

式中:e'——轴向合力作用点至受压区纵向钢筋的合力点的距离。

另外,钢筋面积应满足最小配筋率要求:$A_s \geqslant 0.002bh$。

(2)小偏心受压

非对称配筋的小偏心受压构件,当 $N > f_c bh_0$ 时,尚应按下列公式进行验算:

$$Ne' \leqslant f_c bh_0 \left(h_0' - \frac{h}{2} \right) + f_y' A_s (h_0' - a) \tag{3-72}$$

式中:h_0'——纵向钢筋的合力点至截面远边的距离。

对称配筋($A_s = A_s'$)的小偏心受压构件,可用下列简化公式计算:

$$A'_s = \frac{Ne - \alpha_1 f_c bh_0^2 \xi(1 - 0.5\xi)}{f_y'(h_0 - a')} \tag{3-73}$$

$$\xi = \frac{N - \xi_b f_c bh_0}{\frac{Ne - 0.43\alpha_1 f_c bh_0^2}{(\beta_1 - \xi_b)(h_0 - a')} + \alpha_1 f_c bh_0} + \xi_b \tag{3-74}$$

式中:β_1——系数,当混凝土强度等级不超过 C50 时,$\beta_1 = 0.8$;当强度等级为 C80 时,$\beta_1 = 0.74$;介于 C50 与 C80 之间时,按线性内插。

箱涵强度计算的细节请参阅有关钢筋混凝土构件设计的规范或教材。

3. 裂缝宽度验算

钢筋混凝土箱涵的顶板、底板、侧墙在弯矩作用下,在受拉区的混凝土容许出现开裂,但裂缝宽度应进行限制。飞行区的箱涵裂缝宽度按《混凝土结构设计规范》(GB 50010—2010)计算。

$$w_{\max} \leqslant w_{\lim} \tag{3-75}$$

$$w_{\max} = \alpha_{cr} \psi \frac{\sigma_s}{E_s} \left(1.9 c_s + 0.08 \frac{d_{eq}}{\rho_{te}} \right) \tag{3-76}$$

$$\psi = 1.1 - 0.65 \frac{f_{tk}}{\rho_{te} \sigma_s} \tag{3-77}$$

$$d_{eq} = \frac{\sum n_i d_i^2}{\sum n_i v_i d_i} \tag{3-78}$$

$$\rho_{te} = \frac{A_s}{A_{te}} \tag{3-79}$$

式中:$w_{\max}$——按荷载准永久组合并考虑长期作用影响计算的最大裂缝宽度;

$w_{\lim}$——最大裂缝宽度限值,对涵洞一般为 0.2mm;

α_{cr}——构件受力特征系数,其中受弯、偏心受压构件取 1.9,偏心受拉构件取 2.4,轴心受拉构件取 2.7;

ψ——裂缝间纵向受拉钢筋应变不均匀系数,当 $\psi < 0.2$ 时,取 $\psi = 0.2$;当 $\psi > 1.0$ 时,取 $\psi = 1.0$;对直接承受重复荷载的构件,取 $\psi = 1.0$;

σ_s——按荷载准永久组合计算的受拉钢筋应力；

E_s——钢筋的弹性模量，其中 HPB300 钢筋取 2.1×10^5 MPa，HRB335、HRBF335、HRB400、HRBF400、RRB400、HRB500、HRBF500 钢筋均取 2.0×10^5 MPa；

c_s——最外层纵向受拉钢筋外边缘至受拉区底边的距离(mm)，当 $c_s < 20$ 时，取 $c_s = 20$；当 $c_s > 65$ 时，取 $c_s = 65$；

f_{tk}——混凝土轴心抗拉强度标准值，见附表 A-2；

ρ_{te}——按有效受拉混凝土截面面积计算的纵向钢筋配筋率，当 $\rho_{te} < 0.01$ 时，取 $\rho_{te} = 0.01$；

A_{te}——有效受拉混凝土截面面积；对轴心受拉构件，取构件截面面积；对受弯、偏心受压和偏心受拉构件，取 $A_{te} = 0.5bh + (b_f - b)h_f$，此处，$b_f$、$h_f$ 为受拉翼缘的宽度、高度；

A_s——受拉区纵向钢筋的截面面积；

d_{eq}——受拉区纵向钢筋的等效直径；

d_i——受拉区第 i 种纵向钢筋的公称直径；

n_i——受拉区第 i 种纵向钢筋的根数；

v_i——受拉区第 i 种纵向钢筋的相对黏结系数，对光圆钢筋取 0.7，对带肋钢筋取 1.0。

按准永久作用组合下，受拉钢筋应力按下列公式计算。

受弯构件：

$$\sigma_s = \frac{M_q}{0.87 h_0 A_s} \tag{3-80}$$

偏心受压构件：

$$\sigma_s = \frac{N_q(e-z)}{A_s z} \tag{3-81}$$

$$z = \left[0.87 - 0.12(1-\gamma'_f)\left(\frac{h_0}{e}\right)\right]h_0 \tag{3-82}$$

$$e = \eta_s e_0 + y_s \tag{3-83}$$

$$\gamma'_f = \frac{(b'_f - b)h'_f}{bh_0} \tag{3-84}$$

$$\eta_s = 1 + \frac{1}{4\,000 e_0/h_0}\left(\frac{l_0}{h}\right)^2 \tag{3-85}$$

式中：e——轴向压力作用点至纵向受拉钢筋合力点的距离；

e_0——荷载准永久纵使下的初始偏心距，$e_0 = M_d/N_d$，N_d 和 M_d 分别为按荷载准永久组合计算的轴向力和弯矩值；

z——纵向受拉钢筋合力点至受压区合力点的距离，且不大于 $0.87h_0$；

η_s——使用阶段的轴向压力偏心距增大系数，当 l_0/h 不大于 14 时，取 1.0；

y_s——截面重心至纵向受拉钢筋合力点的距离；

γ'_f——受压翼缘截面面积与腹板有效面积的比值；

b'_f、h'_f——分别为受压翼缘的宽度和高度,当 h'_f 大于 $0.2h_0$ 时,取 $0.2h_0$。

在准永久组合计算时,永久作用效应取标准值,即不乘作用分项系数;飞机、汽车作用效应乘以 0.5 的准永久系数。

四、箱涵设计实例

1. 设计资料

一单孔箱涵,位于端保险道以下,净宽 2m,净高 2.5m,用填埋式构筑,如图 3-19 所示。顶部填土高度为 13.25m,回填土重度为 $19.6kN/m^3$,内摩擦角为 30°,地基土为黏性土。地面设计荷载为 B767-200 飞机,最大着陆荷载为 1 335kN。地下水位较低,不考虑外水压力,试设计该钢筋混凝土箱涵。

2. 初拟箱涵断面尺寸

由于该箱涵位于高填方区,埋深和垂直土压力较大,初拟箱涵的顶板、底板和侧墙厚度均为 40cm。

3. 外荷载计算

(1) 分项荷载计算

①垂直土压力计算

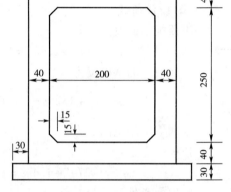

图 3-19 某机场箱涵示意图(尺寸单位:cm)

该涵洞为填埋式,$H/D_1 = 13.25/2.8 = 4.73$,查表 2-3,得垂直土压力系数 $K = 1.41$,则垂直土压力强度为:

$$q_B = K\gamma H = 1.41 \times 19.6 \times 13.25 = 366.2(kN/m)$$

②侧向土压力计算

作用于箱涵顶板厚度中心线处的侧向土压力强度:

$$q'_1 = \gamma H_1 \tan^2(45° - \varphi/2) = 19.6 \times 13.45 \times \tan^2(45° - 30°/2) = 87.87(kN/m)$$

作用于箱涵底板厚度中心线处的侧向土压力强度:

$$q'_2 = \gamma H_2 \tan^2(45° - \varphi/2) = 19.6 \times 16.35 \times \tan^2(45° - 30°/2) = 106.82(kN/m)$$

③飞机荷载产生的土压力

B767-200 飞机最大荷载为 1 335kN,前后轮垂直距离为 22.76m,主起落架间距为 9.3m,主起落架荷载分配系数为 0.938,主起落架为四轮小车式,轮距为 1.14m,轴距为 1.42m,胎压为 1.27MPa。

由于前后轮间距很大,压力扩散线与主起落架不重叠,因此前轮不考虑。两个主起落架压力扩散线重叠,合在一起考虑。由于箱涵埋深较大,飞机动载系数为 1。

单个主轮地面轮印面积:

$$A = \frac{P}{1\,000q} = \frac{1\,335 \times 0.938}{8 \times 1\,000 \times 1.27} = 0.123\,6(m)$$

轮印长度和宽度:

$$a = 1.205\sqrt{A} = 1.205 \times \sqrt{0.123\,6} = 0.424(m)$$

$$b = 0.83\sqrt{A} = 0.83 \times \sqrt{0.123\,6} = 0.292(m)$$

传递到涵顶:

$$q'_B = \frac{0.938 \times 1335}{(9.3+1.14+0.292+1.4\times13.25)\times(1.42+0.424+1.4\times13.25)} = 2.1(kN/m)$$

飞机荷载引起的侧向土压力：
$$p_x = \xi q'_B = \tan^2(45°-30°/2) \times 2.1 = 0.7(kN/m)$$

④顶板自重
$$q''_B = 0.4 \times 25 = 10(kN/m)$$

⑤侧墙自重
$$P = 0.4 \times (2.5+0.4) \times 25 = 29(kN)$$

(2) 设计荷载

①顶板上的设计荷载
$$q_3 = 1.27q_B + 1.2q'_B + 1.4q''_B = 1.27\times366.2+1.2\times10+1.4\times2.1 = 480.0(kN/m)$$

②底板上的基础反力
$$q_4 = q_3 + 1.2\times\frac{2P}{l} = 480.0+1.2\times2\times29/2.4 = 509.0(kN/m)$$

③侧墙上的侧向压力

顶板中心处：
$$q_1 = 1.27q'_1 + 1.4q_x = 1.27\times87.87+1.4\times0.7 = 112.6(kN/m)$$

底板中心处：
$$q_2 = 1.27q'_2 + 1.4q_x = 1.27\times106.82+1.4\times0.7 = 136.6(kN/m)$$

4. 内力计算

用查表法计算内力。纵向按单位长度计算，计算跨径 $l=2.4m$，计算高度 $h=2.9m$。

由于顶板、底板与侧墙的厚度相同，$I_1=I_2$，刚度比 $K=\frac{I_2 h}{I_1 l}=\frac{h}{l}=\frac{2.9}{2.4}=1.208$。

箱涵计算简图如图3-20所示。

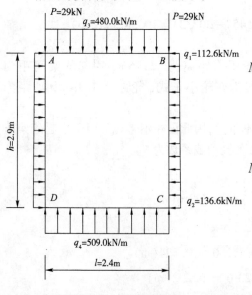

图3-20 箱涵计算简图

(1) 角点弯矩（内侧受拉为正，外侧受拉为负）

①在竖向荷载 q_3 和 q_4 作用下的角点弯矩

$$M_A = M_B = -\frac{l^2[q_3(2K+3)-q_4 K]}{12(K^2+4K+3)}$$

$$= -\frac{2.4^2\times[480\times(2\times1.208+3)-509\times1.208]}{12\times(1.208^2+4\times1.208+3)}$$

$$= -102.5(kN\cdot m)$$

$$M_C = M_D = -\frac{l^2[q_4(2K+3)-q_3 K]}{12(K^2+4K+3)}$$

$$= -\frac{2.4^2\times[509\times(2\times1.208+3)-480\times1.208]}{12\times(1.208^2+4\times1.208+3)}$$

$$= -112.5(kN\cdot m)$$

②在水平均布力 q_1 作用下的角点弯矩

$$M_A = M_B = M_C = M_D = -\frac{q_1 h^2 K}{12(K+1)} =$$

$$-\frac{112.6 \times 2.9^2 \times 1.208}{12 \times (1.208+1)} = -43.2(kN \cdot m)$$

③在水平三角形荷载 $q_2 - q_1$ 作用下的角点弯矩

$$M_A = M_B = -\frac{(q_2-q_1)h^2 K(2K+7)}{60(K^2+4K+3)}$$

$$= -\frac{(136.6-112.6) \times 2.9^2 \times 1.208 \times (2 \times 1.208+7)}{60 \times (1.208^2+4 \times 1.208+3)} = -4.14(kN \cdot m)$$

$$M_C = M_D = -\frac{(q_2-q_1)h^2 K(3K+8)}{60(K^2+4K+3)}$$

$$= -\frac{(136.6-112.6) \times 2.9^2 \times 1.208 \times (3 \times 1.208+8)}{60 \times (1.208^2+4 \times 1.208+3)} = -5.08(kN \cdot m)$$

合计：

$$M_A = M_B = -102.5 - 43.2 - 4.14 = -149.8(kN \cdot m)$$

$$M_C = M_D = -112.6 - 43.2 - 5.08 = -160.9(kN \cdot m)$$

角点弯矩为负，说明外侧受拉。

(2) 杆端及各截面剪力

AB 杆端：

$$V_{AB} = \frac{q_3 l}{2} - \frac{M_{AB} + M_{BA}}{l} = \frac{480.0 \times 2.4}{2} - \frac{-149.8+149.8}{2.4} = 576(kN)$$

$$V_{BA} = -\frac{q_3 l}{2} - \frac{M_{AB} + M_{BA}}{l} = -\frac{480.0 \times 2.4}{2} - \frac{-149.8+149.8}{2.4} = -576(kN)$$

AB 杆各截面：

$$V_x = V_{AB} - q_3 x = 576 - 480.0x$$

跨中：$x = 1.2m$，$V_{l/2} = 0$

CD 杆端：

$$V_{CD} = \frac{q_4 l}{2} - \frac{M_{DC}+M_{CD}}{l} = \frac{509.0 \times 2.4}{2} - \frac{-160.9+160.9}{2.4} = 610.8(kN)$$

$$V_{DC} = -\frac{q_4 l}{2} - \frac{M_{DC}+M_{CD}}{l} = -610.8(kN)$$

DA 杆端：

$$V_{DA} = \frac{q_2 h}{2} - \frac{(q_2-q_1)h}{6} - \frac{M_{DA}+M_{AD}}{h}$$

$$= \frac{136.6 \times 2.9}{2} - \frac{(136.0-112.6) \times 2.9}{6} - \frac{-160.9+149.8}{2.9} = 190.3(kN)$$

$$V_{AD} = -\frac{q_2 h}{2} + \frac{(q_2-q_1)h}{3} - \frac{M_{DA}+M_{AD}}{h}$$

$$= -\frac{136.6 \times 2.9}{2} + \frac{(136.6-112.6) \times 2.9}{3} - \frac{-160.9+149.8}{2.9} = -171.0(kN)$$

(3) 杆件各截面弯矩

AB 杆最大弯矩：

位置：$x_0 = \dfrac{V_{AB}}{q_3} = \dfrac{576.0}{480.0} = 1.2$

最大弯矩值为：

$$M_{\max} = M_{AB} + \dfrac{V_{AB}^2}{2q_3} = -149.8 + \dfrac{576.0^2}{2 \times 480.0} = 195.8 (\text{kN} \cdot \text{m})$$

CD 杆最大弯矩：

由于荷载对称，最大弯矩发生在跨中，即：

$$M_{\max} = M_{CD} + \dfrac{V_{CD}^2}{2q_4} = -160.9 + \dfrac{610.8^2}{2 \times 509} = 205.6 (\text{kN} \cdot \text{m})$$

DA 杆的最大弯矩：

$$P = \dfrac{q_2 - q_1}{h} = \dfrac{136.6 - 112.6}{2.9} = 8.28$$

$$x_0 = \dfrac{q_2 - \sqrt{q_2^2 - 2PV_{DA}}}{P} = \dfrac{136.6 - \sqrt{136.6^2 - 2 \times 8.28 \times 190.3}}{8.28} = 1.458 (\text{m})$$

最大弯矩值：

$$M_{\max} = M_{DA} + V_{DA} x_0 - \dfrac{1}{2} q_2 x_0^2 + \dfrac{q_2 - q_1}{6h} x_0^3$$

$$= -160.9 + 190.3 \times 1.458 - \dfrac{1}{2} \times 136.6 \times 1.458^2 + \dfrac{136.6 - 112.6}{6 \times 2.9} \times 1.458^3$$

$$= -24.4 (\text{kN} \cdot \text{m})$$

所以整个侧墙都是外侧受拉。

结构的弯矩和剪力如图 3-21 所示。

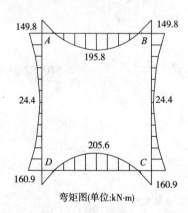
弯矩图(单位:kN·m)

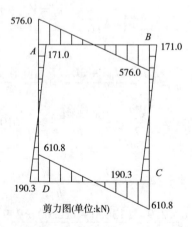
剪力图(单位:kN)

图 3-21 弯矩和剪力图

5. 强度计算

(1) 顶板和底板

顶板和底板的弯矩、剪力差异不大，其中底板略大，为便于施工，可取相同配筋，按底板计算。

①正截面配筋计算

选取混凝土为 C25,主筋为 HRB 335,则 $f_c = 11.9\text{N/mm}^2$,$f_t = 1.27\text{N/mm}^2$,$f_y = 300\text{N/mm}^2$。取 $a = 35\text{mm}$,则 $h_0 = 400 - 35 = 365\text{mm}$。

a. 跨中

最大弯矩 $M = 205.6\text{kN}\cdot\text{m}$,由于涵洞位于端保险道,重要性系数 $\gamma_0 = 0.9$,则设计弯矩为:

$$M = 0.9 \times 205.6 = 185.04(\text{kN}\cdot\text{m})$$

$$\alpha_s = \frac{M}{f_c b h_0^2} = \frac{185.04 \times 10^6}{11.9 \times 1\,000 \times 365^2} = 0.117$$

$$\xi = 1 - \sqrt{1 - 2\alpha_s} = 1 - \sqrt{1 - 2 \times 0.117} = 0.125$$

$$\rho = \xi f_c / f_y = 0.125 \times 11.9 / 300 = 0.50\%$$

$$A_s = \rho b h_0 = 0.005 \times 1\,000 \times 365 = 1\,825(\text{m}^2)$$

每延米取 $4\phi20 + 4\phi16$,$A = 2\,061\text{mm}^2$,配置在底板中部内侧。

验算:

$$\xi \leqslant \xi_b = 0.544,$$

$45f_t/f_y = 45 \times 1.27/300 = 0.190\,5\%$,$\rho_{\min}$ 取 $45f_t/f_y$ 和 0.2% 中大者。

$$A_s \geqslant \rho_{\min} b h = 0.002 \times 1\,000 \times 400 = 800(\text{mm}^2)$$

说明含筋率合适。

b. 两端

最大弯矩 $M = 160.9\text{kN}\cdot\text{m}$,设计弯矩为:

$$M = 0.9 \times 160.9 = 144.8(\text{kN}\cdot\text{m})$$

$$\alpha_s = \frac{M}{f_c b h_0^2} = \frac{144.8 \times 10^6}{11.9 \times 1\,000 \times 365^2} = 0.091$$

$$\xi = 1 - \sqrt{1 - 2\alpha_s} = 1 - \sqrt{1 - 2 \times 0.091} = 0.096$$

$$\rho = \xi f_c / f_y = 0.096 \times 11.9 / 300 = 0.38\%$$

$$A_s = \rho b h_0 = 0.003\,8 \times 1\,000 \times 365 = 1\,387(\text{mm}^2)$$

每延米取 $8\phi16$,$A = 1\,608\text{mm}^2$,配置在底板端部外侧。

②斜截面配筋计算

由于箱涵有护角且配有斜拉筋,因此将验算点选在护角中心,即离侧墙 7.5cm 处,此处计算剪力为 470.8kN,设计剪力 $V = 0.9 \times 470.8 = 423.7\text{kN}$。

检查截面尺寸是否满足要求:

$$0.25\beta_c f_c b h_0 = 0.25 \times 1.0 \times 11.9 \times 1\,000 \times 365 = 1\,085\,875(\text{N}) = 1\,085.88(\text{kN})$$

$V < 0.25\beta_c f_c b h_0$,说明截面尺寸合适。

检查是否需要配斜筋和箍筋:

$$0.7\beta_h f_t b h_0 = 0.7 \times 1.0 \times 1.27 \times 1\,000 \times 365 = 324\,485(\text{N}) = 324.5(\text{kN})$$

$V > 0.7\beta_h f_t b h_0$,因此需配斜筋和箍筋。

箍筋只作构造配筋,因此只计算斜筋:

$$A_{sb} = \frac{V - 0.7\beta_h f_t b h_0}{0.8 f_y \sin 45°} = \frac{423\,700 - 324\,485}{0.8 \times 300 \times 0.707} = 585(\text{mm}^2)$$

斜筋为 $4\phi16$，$A=804\text{mm}^2$，均从内侧弯起。

弯起点位置：离侧墙中心 0.60m，该处设计剪力为 274.9kN，小于 $0.7f_tbh_0$，满足要求。

弯起点弯矩验算：

斜筋弯起点（离侧墙中心 0.60m），设计弯矩 $M=102.6\text{kN}\cdot\text{m}$，需纵向钢筋 $A_s=969\text{mm}^2$，该处实有 $4\phi20$，$A=1\,257\text{mm}^2$，满足要求。

（2）侧墙

侧墙下端部的弯矩、剪力和轴力最大，可按下端部验算。

端部内力：计算值 $M=160.8\text{kN}\cdot\text{m}$，$N=610.9\text{kN}$，$V=190.3\text{kN}$，设计值：$M=144.8\text{kN}\cdot\text{m}$，$N=549.8\text{kN}$，$V=171.3\text{kN}$。按偏心受压构件计算。

设外侧钢筋为 $8\phi16$，HRB335，$A=1\,608\text{mm}^2$，内侧为 $8\phi12$，HPB300，$A=905\text{mm}^2$。

$400/30=13.3\text{mm}<20\text{mm}$，取 $e_a=20\text{mm}$。

$M_1=134.8\text{kN}\cdot\text{m}$，$M_2=144.8\text{kN}\cdot\text{m}$

$$C_m=0.7+0.3\frac{M_1}{M_2}=0.7+0.3\times\frac{134.8}{144.8}=0.979$$

$$\zeta_c=\frac{0.5f_cA}{N}=\frac{0.5\times11.9\times400\times1\,000}{549\,800}=4.33$$

$$\eta_{ns}=1+\frac{1}{1\,300(M_2/N+e_a)/h_0}\left(\frac{l_c}{h}\right)^2\zeta_c$$

$$=1+\frac{1}{1\,300\times(144.8/549.8+0.02)/0.365}\times\left(\frac{2.9}{0.4}\right)^2\times4.33=1.226$$

$M=C_m\eta_{ns}M_2=0.979\times1.226\times144.8=173.8(\text{kN}\cdot\text{m})$

$e_0=M/N=173.8/549.8=0.316(\text{m})=316(\text{mm})$

则 $e_i=e_0+e_a=316+20=336(\text{mm})$

$e=e_i+d/2-a=336+400/2-50=486(\text{mm})$

假设为大偏心，则：

$$x=\frac{N-f_y'A_s'+f_yA_s}{\alpha_1f_cb}=\frac{549\,800-905\times270+1\,608\times300}{1.0\times11.9\times1\,000}=66.2(\text{mm})$$

因 $x\leqslant\xi_bh_0=0.55\times365=200.8(\text{mm})$，因此确为大偏心。

验算：$Ne\leqslant\alpha_1f_cbx(h_0-\frac{x}{2})+f_yA_s'(h_0-a_s')$

$Ne=549.8\times0.486=267.2(\text{kN}\cdot\text{m})$

$\alpha_1f_cbx(h_0-\frac{x}{2})+f_y'A_s'(h_0-a_s')$

$=\left[1.0\times11.9\times1\,000\times66.2\times\left(365-\frac{66.2}{2}\right)+905\times270\times(365-35)\right]\times10^{-6}=342.1(\text{kN}\cdot\text{m})$

故满足要求。

端点剪力 $V=171\,300\text{N}<0.7f_tbh_0=0.7\times1.27\times1\,000\times365=324\,485(\text{N})$，不需要配斜筋。

侧墙弯矩从端部逐渐向中部变小,为方便施工,中部与端部配筋一致,即外侧用 8ϕ16 HRB335 钢筋,内侧用 8ϕ12 HPB300 钢筋,就可满足侧墙的强度要求。

6. 裂缝宽度计算

准永久组合下的设计荷载:

$$q_3 = q_B + q''_B + 0.5q'_B = 366.2 + 10 + 0.5 \times 2.1 = 377.25 (\text{kN/m})$$

$$q_4 = q_3 + \frac{2P}{l} = 377.25 + 2 \times 29/2.4 = 401.42 (\text{kN/m})$$

$$q_1 = q'_1 + 0.5q_x = 87.87 + 0.5 \times 0.7 = 88.22 (\text{kN/m})$$

$$q_2 = q'_2 + 0.5q_x = 106.82 + 0.5 \times 0.7 = 107.17 (\text{kN/m})$$

按以上荷载,重新计算箱涵的内力,方法同前,结果如下:

$M_A = M_B = -117.61 \text{kN} \cdot \text{m}, M_C = M_D = -126.64 \text{kN} \cdot \text{m}$,顶板中心处 $M_{max} = 154.01 \text{kN} \cdot \text{m}$,底板中心处 $M_{max} = 162.38 \text{kN} \cdot \text{m}$。其中底板中心处弯矩最大,因此先验算底板中心处的裂缝宽度,并按受弯构件考虑。

根据前面的计算,底板中心处每延米为 $4\phi20 + 4\phi16$,$A_s = 2061 \text{mm}^2$,$h_0 = 365 \text{mm}$,$c_s = 25 \text{mm}$;查附表 A-2,$f_{tk} = 1.78 \text{MPa}$。

$$\sigma_s = \frac{M_q}{0.87 h_0 A_s} = \frac{162.38 \times 10^6}{0.87 \times 365 \times 2061} = 248.1 (\text{MPa})$$

$$d_{eq} = \frac{\sum n_i d_i^2}{\sum n_i v_i d_i} = \frac{4 \times 20^2 + 4 \times 16^2}{4 \times 1 \times 20 + 4 \times 1 \times 16} = 18.22 (\text{mm})$$

$$\rho_{te} = \frac{A_s}{A_{te}} = \frac{A_s}{0.5bh} = \frac{2061}{0.5 \times 1000 \times 400} = 0.0103$$

$$\psi = 1.1 - 0.65 \frac{f_{tk}}{\rho_{te}\sigma_s} = 1.1 - 0.65 \times \frac{1.78}{0.0103 \times 248.1} = 0.647$$

$$w_{max} = \alpha_{cr}\psi \frac{\sigma_s}{E_s}\left(1.9c_s + 0.08\frac{d_{eq}}{\rho_{te}}\right) = 1.9 \times 0.647 \times \frac{248.1}{200\,000} \times \left(1.9 \times 25 + 0.08 \times \frac{18.22}{0.0103}\right)$$
$$= 0.288 (\text{mm})$$

由于裂缝宽度大于 0.2 mm,不满足要求。

将底板中心处受拉钢筋调整为每延米为 $10\phi18$,$A_s = 2545 \text{mm}^2$,$d_{ep} = d = 18 \text{mm}$,重新计算裂缝宽度:

$$\sigma_s = \frac{M_q}{0.87 h_0 A_s} = \frac{162.38 \times 10^6}{0.87 \times 365 \times 2565} = 199.4 (\text{MPa})$$

$$\rho_{te} = \frac{A_s}{A_{te}} = \frac{A_s}{0.5bh} = \frac{2565}{0.5 \times 1000 \times 400} = 0.0128$$

$$\psi = 1.1 - 0.65 \frac{f_{tk}}{\rho_{te}\sigma_s} = 1.1 - 0.65 \times \frac{1.78}{0.0128 \times 199.4} = 0.647$$

$$w_{max} = \alpha_{cr}\psi \frac{\sigma_s}{E_s}\left(1.9c_s + 0.08\frac{d_{eq}}{\rho_{te}}\right) = 1.9 \times 0.647 \times \frac{199.4}{200\,000} \times \left(1.9 \times 25 + 0.08 \times \frac{18}{0.0128}\right)$$
$$= 0.196 (\text{mm})$$

由于裂缝宽度小于 0.2mm,满足要求。

底板角点处的裂缝宽度验算:仍按受弯构件验算,最大弯矩 $M = 126.64\text{kN}\cdot\text{m}$,受拉钢筋 $8\phi16$,$A_s = 1608\text{mm}^2$,经验算,也不满足要求。因此受拉钢筋改为 $5\phi18 + 5\phi14$,$A_s = 2042\text{mm}^2$,则:

$$\sigma_s = \frac{M_q}{0.87h_0 A_s} = \frac{126.64 \times 10^6}{0.87 \times 365 \times 2042} = 195.3(\text{MPa})$$

$$\rho_{te} = \frac{A_s}{A_{te}} = \frac{A_s}{0.5bh} = \frac{2042}{0.5 \times 1000 \times 400} = 0.0102$$

$$\psi = 1.1 - 0.65\frac{f_{tk}}{\rho_{te}\sigma_s} = 1.1 - 0.65 \times \frac{1.78}{0.0102 \times 195.3} = 0.519$$

$$d_{eq} = \frac{\sum n_i d_i^2}{\sum n_i v_i d_i} = \frac{5 \times 18^2 + 5 \times 14^2}{5 \times 1 \times 18 + 5 \times 1 \times 14} = 16.25$$

$$w_{max} = \alpha_{cr}\psi\frac{\sigma_s}{E_s}\left(1.9c_s + 0.08\frac{d_{eq}}{\rho_{te}}\right) = 1.9 \times 0.519 \times \frac{195.3}{200\,000} \times \left(1.9 \times 25 + 0.08 \times \frac{16.25}{0.0102}\right)$$
$$= 0.168(\text{mm})$$

由于裂缝宽度小于 0.2mm,满足要求。

侧墙端部弯矩与底板端部相同,也按相同配筋,即为 $5\phi18 + 5\phi14$,裂缝宽度不再验算。其他构造配筋参考有关标准图集。配筋图见图 3-22。

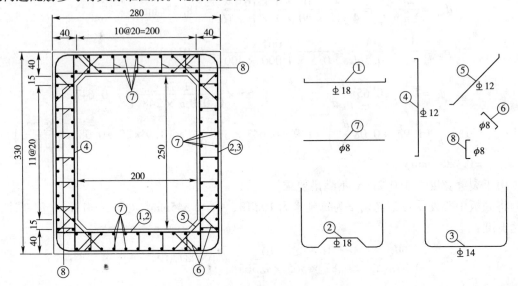

图 3-22　箱涵配筋图(尺寸单位:cm)

第四节　拱涵设计简介

拱涵也是一种常见的涵洞形式。拱圈主要承受压力,因此可以用石料或素混凝土砌筑,在石料丰富地区应用较广。拱涵在飞行场内使用不多,一般用于机场道路或拖机道上。尤其在场外排水沟与农村道路交叉时,采用拱涵比较多。

拱涵的结构形式如图3-23所示。图中a)为单孔拱涵,b)为双孔拱涵。拱涵的净跨径L_0常在100~500cm,常用的净跨径有100cm、150cm、200cm、250cm、300cm、400cm、500cm。

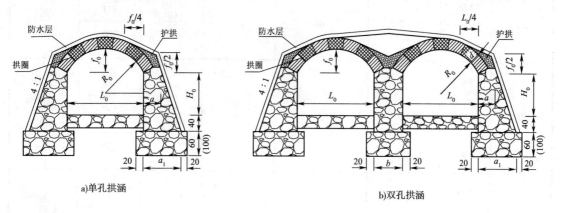

图3-23 拱涵的构造(尺寸单位:cm)

拱涵由拱圈、涵台(墩)、基础等部分组成。拱圈一般由块石砌筑,厚度25~35cm。拱圈的形状多为圆弧形,矢跨比f_0/L_0常取1/3或1/4,有时也用半圆拱,即矢跨比取1/2。

涵台(墩)一般用浆砌块(片)石砌筑,高度H_0为50~400cm,涵台内侧直立,外侧一般采用4:1的坡度逐渐加宽。台顶护拱宽度a为45~140cm,台身底宽a_1为70~260cm,墩身宽度b为50~140cm。各种尺寸随跨径L_0和墩台高H_0增加而增大。主要尺寸可参考表3-10。

涵台基础有整体式和分离式两种。整体式基础适用于小跨径涵洞。当涵洞地基比较软弱时,可采用整体式基础,以分散地基压力。对跨径较大的涵洞,宜采用分离式基础。基础厚度一般采用60cm,底面埋深为1m。但土质较差时,可适当加深。在季节冰冻区,基础底面至少应在冰冻线以下0.25m。

当采用分离式基础且涵内流速较大时,可在洞底铺砌加固。一般可在10cm厚的砂垫层上铺砌30cm厚的浆砌块石。

洞身较长时,沿纵向每隔3~6m应设置沉降缝。沉降缝要贯穿整个断面,缝宽1~2cm,并用可靠的填缝材料填塞。

拱涵设计一般可参考公路桥涵标准图或有关手册。在特殊条件下,可根据荷载情况进行验算。验算方法可参考《公路桥涵设计手册—涵洞》一书,这里不再详细介绍。

石拱涵尺寸参考表($f_0/L_0=1/3$,单位:cm)　　　　表3-10

跨径L_0	台高H_0	净拱矢度f_0	拱圈内弧半径R_0	拱圈厚d	台顶宽a	台底宽a_1	墩身宽b
100	100	33	54	25	45	83	60
	150					95	50
150	100	50	81	25	55	93	70
	150					105	50

续上表

跨径 L_0	台高 H_0	净拱矢度 f_0	拱圈内弧半径 R_0	拱圈厚 d	台顶宽 a	台底宽 a_1	墩身宽 b
200	100	67	108	25	$\dfrac{60}{70}$	$\dfrac{97}{107}$	$\dfrac{80}{60}$
	150					$\dfrac{100}{120}$	
250	100	83	136	30	$\dfrac{65}{80}$	$\dfrac{103}{118}$	$\dfrac{90}{75}$
	150					$\dfrac{116}{131}$	
	200					$\dfrac{128}{143}$	
300	150	100	163	30	$\dfrac{70}{90}$	$\dfrac{121}{141}$	$\dfrac{100}{85}$
	200					$\dfrac{133}{153}$	
	250					$\dfrac{146}{166}$	$\dfrac{100}{90}$
400	150	133	217	$\dfrac{30}{35}$	$\dfrac{95}{120}$	$\dfrac{146}{171}$	$\dfrac{110}{100}$
	200					$\dfrac{159}{184}$	
	250					$\dfrac{171}{196}$	$\dfrac{120}{110}$
	300					$\dfrac{184}{209}$	
500	200	167	271	$\dfrac{35}{45}$	$\dfrac{100}{130}$	$\dfrac{163}{188}$	130
	250					$\dfrac{176}{201}$	
	300					$\dfrac{188}{213}$	140
	400					$\dfrac{213}{238}$	

注：本表摘自《公路桥涵设计手册—涵洞》，人民交通出版社，2001年。

第四章 排水圆管设计

第一节 排水圆管的构造

在机场、城市排水工程中,大量采用圆管。在公路上也常用圆涵。这两者在结构上是一致的,都在本章中介绍。

排水圆管的材料很多,有混凝土管、钢筋混凝土管、钢管、铸铁管、陶管、塑料管等。在机场排水中一般采用混凝土或钢筋混凝土管。近年来,聚氯乙烯(UPVC)塑料管和波纹聚乙烯(PE)塑料管已经在工程上广泛应用,在机场排水中经过论证也可采用。

素混凝土管的管径不超过 600mm。当管径较大时,一般采用钢筋混凝土管。当管道内水压力较大时,可采用预应力钢筋混凝土管。

混凝土和钢筋混凝土管一般由工厂预制。混凝土管分为Ⅰ、Ⅱ两级,管壁厚度一般为内径的1/7~1/10。钢筋混凝土管分为Ⅰ、Ⅱ、Ⅲ三级,Ⅰ级管的管壁厚度一般为内径的1/12左右,Ⅱ、Ⅲ级管的管壁厚度为内径的1/10左右。混凝土强度等级不低于C30。钢筋混凝土圆管内环向配螺旋筋(主筋),纵向配分布筋。当管壁厚度不大于100mm时,可配置单层受力环筋,其位置应放在距管内表面2/5壁厚处;管壁厚度大于100mm时,一般配置双层受力环筋;用于顶进施工的管子,宜在管端200~300mm范围内增加环筋数量和配置U型箍筋或其他形式加强筋。表4-1和表4-2是《混凝土和钢筋混凝土排水管》(GB/T 11836—2009)中列出的规格和外压荷载。

混凝土管规格及外压荷载(GB/T 11836—2009)　　　　表4-1

管内径 D	最小长度 L	Ⅰ级管		Ⅱ级管	
		最小管壁厚 t	破坏荷载 P_P	最小管壁厚 t	破坏荷载 P_P
mm	mm	mm	kN/m	mm	kN/m
100	1 000	19	12	25	19
150		19	8	25	14
200		22	8	27	12
250		25	9	33	15
300		30	10	40	18
350		35	12	45	19
400		40	14	47	19
450		45	16	50	19
500		50	17	55	21
600		60	21	65	24

钢筋混凝土管规格及外压荷载（GB/T 11836—2009） 表4-2

公称内径 D	最小长度 L	Ⅰ级管			Ⅱ级管			Ⅲ级管		
		最小管壁厚 t	荷载		最小管壁厚 t	荷载		最小管壁厚 t	荷载	
			裂缝 P_C	破坏 P_P		裂缝 P_C	破坏 P_P		裂缝 P_C	破坏 P_P
mm	mm	mm	kN/m	kN/m	mm	kN/m	kN/m	mm	kN/m	kN/m
200		30	12	18	30	15	23	30	19	29
300		30	15	23	30	19	29	30	27	41
400		40	17	26	40	27	41	40	35	53
500		50	21	32	50	32	48	50	44	68
600		55	25	37.5	60	40	60	60	53	80
700		60	28	42	70	47	71	70	62	93
800		70	33	50	80	54	81	80	71	107
900		75	37	56	90	61	92	90	80	120
1 000		85	40	60	100	69	100	100	89	134
1 100		95	44	66	110	74	110	110	98	147
1 200		100	48	72	120	81	120	120	107	161
1 350		115	55	83	135	90	135	135	122	183
1 400	2 000	117	57	86	140	93	140	140	126	189
1 500		125	60	90	150	99	150	150	135	203
1 600		135	64	96	160	106	159	160	144	216
1 650		140	66	99	165	110	170	165	148	222
1 800		150	72	110	180	120	180	180	162	243
2 000		170	80	120	200	134	200	200	181	272
2 200		185	84	130	220	145	220	220	199	299
2 400		200	90	140	230	152	230	230	217	326
2 600		220	104	156	235	172	260	235	235	353
2 800		235	112	168	255	185	280	255	254	381
3 000		250	120	180	275	198	300	275	273	410
3 200		265	128	192	290	211	317	290	292	438
3 500		290	140	210	320	231	347	320	321	482

混凝土和钢筋混凝土圆管的管口主要有承插式、企口式、平口式3种，如图4-1所示。此外还有钢套管等，详见本章第四节。

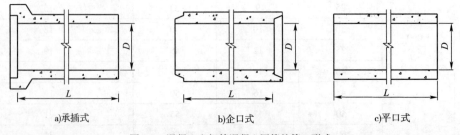

a) 承插式　　　　　　　b) 企口式　　　　　　　c) 平口式

图4-1　混凝土和钢筋混凝土圆管的管口形式

第二节　圆管的横向内力计算

圆管一般是工厂预制的。在机场排水设计中,只要根据所需的管径和荷载大小选用合适的管子等级,并作必要的内力验算。只有荷载非常特殊,市场上的管道无法满足要求时,才需要自行设计和预制。

圆管纵向管节较短,只需按构造配筋,不作内力计算,所以只作横向内力计算。

一、用解析法计算圆管的内力

圆管的横断面是一个三次超静定的环状结构,其超静定力可用力法中的简化方法——弹性中心法求得。圆管通常为等厚断面,因此其弹性中心与圆心重合。图4-2是一圆管的内力计算简图,在管上作用荷载,管下作用基础反力。一般刚臂端作用3个多余未知力,包括力矩 x_1、推力 x_2、剪力 x_3。为求解多余未知力,建立力法方程式:

$$\left.\begin{array}{l} x_1\delta_{11} + \Delta_{1P} = 0 \\ x_2\delta_{22} + \Delta_{2P} = 0 \\ x_3\delta_{33} + \Delta_{3P} = 0 \end{array}\right\} \quad (4\text{-}1a)$$

则:

$$x_1 = -\Delta_{1P}/\delta_{11}$$
$$x_2 = -\Delta_{2P}/\delta_{22}$$
$$x_3 = -\Delta_{3P}/\delta_{33}$$

$$\delta_{ii} = \int \overline{M}_i^2 \frac{\mathrm{d}s}{EJ} \quad (4\text{-}1b)$$

$$\Delta_{iP} = \int \overline{M}_i M_P \frac{\mathrm{d}s}{EJ} \quad (4\text{-}1c)$$

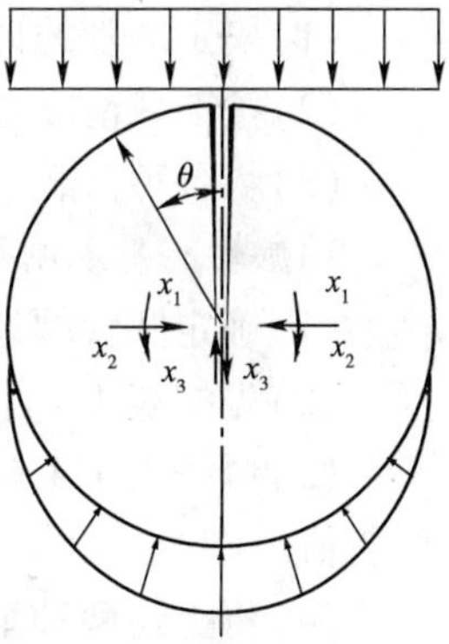

图4-2　圆管内力计算图

式中:δ_{ii}——在单位力 $x_i=1$ 作用下,断面在单位力 x_i 方向上的变位;

Δ_{iP}——在荷载(包括反力)作用下,断面在未知力 x_i 方向上的变位;

$\overline{M}_i$——力 $x_i=1$ 时对圆管上任一点产生的力矩,具体按下式计算:

$$\left.\begin{array}{l} \overline{M}_1 = 1 \\ \overline{M}_2 = r\cos\theta \\ \overline{M}_3 = r\sin\theta \end{array}\right\} \quad (4\text{-}2)$$

M_P——外荷载对圆管上任一点产生的力矩,具体计算与外荷载分布有关。

当作用于圆管的外荷载左右对称时,刚臂端的剪力 $x_3=0$。这时圆管的未知力减少为两个,从而使圆管内力求解得到很大的简化。

通过力法方程式解出多余未知力 x_1、x_2、x_3 后,便可求得任意截面上的内力:

$$\left.\begin{array}{l} M_i = x_1 + x_2 r\cos\theta + x_3 r\sin\theta + M_P \\ N_i = -x_2\cos\theta - x_3\sin\theta + N_P \\ V_i = -x_2\sin\theta + x_3\cos\theta + V_P \end{array}\right\} \quad (4\text{-}3)$$

式中内力的正负号作如下规定。

弯矩：使管内壁受拉为正；轴向力：使管壁受压为正；剪力：使作用截面两边的构件产生顺时针方向转动趋势为正。

圆管的最大内力一般发生在管顶、管腹或管底。因此在圆管内力计算中，只需计算这三点处断面的内力即可。

二、用查表法计算圆管的内力

对于等厚度的圆管，在大多数情况下都已有现成的表（用弹性中心法解出）可以利用，从而使圆管的内力计算大为简化。采用查表法计算圆管的内力时，首先应区分圆管铺设方式及荷载类型。圆管设计中一般应考虑管道自重、垂直和侧向土压力、地面机动荷载或堆载引起的垂直土压力、管内水重（按满管考虑）。平基铺管及弧形土基或刚性座垫圆管的内力计算按以下步骤进行。

1. 平基铺管的内力计算步骤

（1）确定圆管的计算简图。

（2）按荷载情况选用表4-3中的相应计算公式，求出控制截面的内力 M 和 N。

（3）将各种荷载作用下控制截面上所得的内力叠加，可得到控制截面上的总内力 M 和 N。

2. 弧形土基或刚性座垫圆管的内力计算

（1）确定圆管的计算简图。

（2）先按表4-3计算平基铺管时相应垂直荷载作用下在控制截面上产生的内力。

（3）再按表4-4计算弧形土基或刚性座垫铺管时相应垂直荷载作用下控制截面上内力的修正值。

（4）将上述两种垂直荷载作用下的内力叠加，求得弧形土基或刚性座垫圆管在垂直荷载作用下控制截面的内力 M 和 N。

（5）按表4-5计算弧形土基或刚性座垫圆管在侧向荷载作用下控制截面上的内力 M 和 N。

（6）将弧形土基或刚性座垫圆管在垂直荷载和侧向荷载作用下所得控制截面上的内力叠加，便可得到总的内力 M 和 N。

平基铺管时的 M、N 值　　　　　　表4-3

基本荷载示意图	内力值	断面位置			备 注
		1	2	3	
管道自重	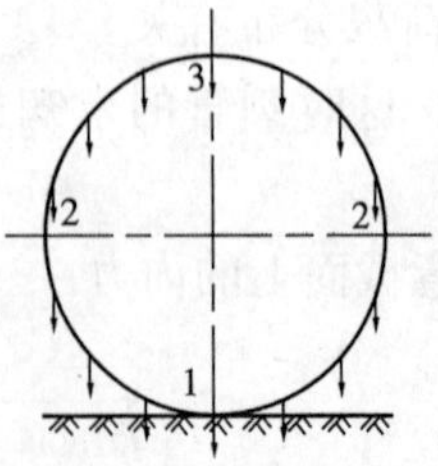 M	$0.239\,0rG$	$-0.090\,9rG$	$0.079\,7rG$	G 为管重，r 为管断面的平均半径
	N	$0.079\,7G$	$0.250G$	$-0.079\,7G$	

续上表

基本荷载示意图		内力值	断面位置			备注
			1	2	3	
垂直均布土压力	(圆管示意图,顶部均布荷载)	M	$0.294rG_B$	$-0.154rG_B$	$0.150rG_B$	G_B 为垂直土压力的合力，地表有机动荷载作用时，以地面机动荷载的合力 P_B 代替 G_B
		N	$0.053G_B$	$0.500G_B$	$-0.053G_B$	
两"胸腔"土重	(圆管示意图,两侧胸腔土重)	M	$0.271rG_n$	$-0.126rG_n$	$0.085rG_n$	G_n 为管上胸腔中土重，$G_n = 0.1075\gamma D_1^2$；γ 为胸腔中土重度
		N	$0.102G_n$	$0.500G_n$	$-0.102G_n$	
侧向均匀土压力	(圆管示意图,两侧侧压)	M	$-0.125rG_x$	$0.125rG_x$	$-0.125rG_x$	G_x 为侧向土压力的合力
		N	$0.500G_x$	0.000	$0.500G_x$	
管内无压满水重	(圆管示意图,管内满水)	M	$0.239rG_s$	$-0.0909rG_s$	$0.0797rG_s$	G_s 为管内无压满水重
		N	$-0.398G_s$	$-0.0686G_s$	$-0.239G_s$	

弧形土基或刚性座垫在垂直荷载作用下的内力系数表　　表 4-4

基础形式	支点中心角	$\overline{M}_1$	$\overline{M}_2$	$\overline{M}_3$	$\overline{N}_1$	$\overline{N}_2$	$\overline{N}_3$
弧形土基	90°	-0.116	0.009	-0.009	0.127	0.000	0.018
	135°	-0.150	0.019	-0.017	0.169	0.000	0.087
	180°	-0.169	0.028	-0.023	0.197	0.006	0.053
刚性座垫	90°	-0.160	0.016	-0.003	-0.176	0.000	0.018
	135°	-0.188	0.032	-0.027	0.219	0.000	0.060
	180°	-0.195	0.043	-0.036	0.239	0.000	0.079

注：$\overline{M}_1$、$\overline{N}_1$ 为内力系数，其内力为：$M = \overline{M}_1 Q_B r$，$N = \overline{N}_1 Q_B$；Q_B 为支点反力的垂直合力，其值等于外荷载的垂直合力。

弧形土基或刚性座垫在均匀侧向土压力作用下的内力表　　　表4-5

均匀侧向土压力作用示意图		内力	断面位置			备注
			1	2	3	
弧形土基或刚性座垫($2\alpha=90°$)		M	$-0.131G_x r$	$0.143G_x r$	$-0.143G_x r$	$G_x=1.707q_x r$
		N	$0.421G_x$	0.000	$0.579G_x$	
弧形土基或刚性座垫($2\alpha=135°$)		M	$-0.117G_x r$	$0.152G_x r$	$-0.157G_x r$	$G_x=1.383q_x r$
		N	$0.326G_x$	0.000	$0.674G_x$	
弧形土基或刚性座垫($2\alpha=180°$)		M	$-0.085G_x r$	$0.125G_x r$	$-0.165G_x r$	$G_x=q_x r$
		N	$0.21G_x$	0.000	$0.79G_x$	

北京市市政工程设计研究总院对采用混凝土管座时,建议垂直和水平均布土压力采用表4-6所示的弯矩系数。对其他荷载,仍用前面的系数。

目前的中国工程建设标准化协会标准《给水排水工程埋地预制混凝土圆形管管道结构设计规程》(CECS 143:2002)中,对混凝土管座推荐采用北京市市政工程设计研究总院建议的系数。

混凝土管座圆管内力系数　　　表4-6

内力系数		混凝土管座支承角				乘数
		90°	135°	180°甲型	180°乙型	
垂直均布土压力	M_2	-0.105	-0.065	-0.060	-0.047	$G_B r$
	M_3	0.105	0.065	0.060	0.047	$G_B r$
	N_2	0.50	0.50	0.50	0.50	G_B
水平均布土压力	M_2	0.078	0.052	0.040	0.040	$G_x r$
	M_3	-0.078	-0.052	-0.040	-0.040	$G_x r$
	N_2	0	0	0	0	G_x

注:1. 混凝土基础的宽度 B 和厚度 C_1 应满足以下要求:90°管基 $B \geq D_1$,$C_1 \geq 2t$;135°管基 $B \geq D_1+3t$,$C_1 \geq 2t$;180°甲型管基 $B \geq D_1+3t$,$C_1 \geq 2t$;180°乙型管基 $B \geq D_1+4t$,$C_1 \geq 2.5t$。其中 D_1 为管外径,t 为管壁厚度。
2. 在上述两种荷载作用下的管道内力直接用表中系数与右边的乘数相乘得到,不需要与表4-3的系数叠加。
3. 在混凝土基座时,只需计算断面3的弯矩(按受弯截面验算)和断面2的弯矩和轴力(按偏心受压验算)。
4. 表中水平荷载 $G_x=q_x D_1$。

在圆管等级选择时,需要验算管道承载能力。表4-1和表4-2中的承载能力是在图4-3所示的条件下得到的,其受力条件可近似按集中力作用考虑。

在图 4-3 所示的垂直集中力作用下,各点的弯矩和轴力值为:
$$M_1 = M_3 = 0.318rP, M_2 = 0.182rP$$
$$N_1 = N_3 = 0, N_2 = 0.5P$$

式中:P——集中力。

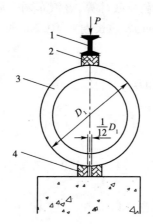

图 4-3 管道承载能力试验
1-上支承梁(工字钢梁);2-橡胶垫;3-管子;4-下支承梁(方木条)

第三节 圆管结构设计实例

【例 4-1】 一沟埋式钢筋混凝土圆管,内径 $D = 1.0$m,采用 90°砂石基础,如图 4-4 所示。管顶以上填土高度 $H = 4.0$m,管顶对应沟宽 $B_0 = 2.5$m。回填不太湿的黏土,填土重度 $\gamma = 18$kN/m³。内摩擦角 $\varphi = 30°$,汽车荷载按公路 I 级设计,试计算管道内力,并验算管道承载能力。

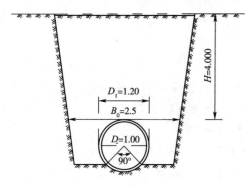

图 4-4 沟埋式圆管(尺寸单位:m)

解:1. 外荷载计算

初选 II 级钢筋混凝土管,管壁厚 10cm,管的外径为 1.2m,断面平均半径为 0.55m。

(1)竖向土压力

按《军用机场排水工程设计规范》(GJB 1230A—2012)的方法计算:
$$q_B = K\gamma H$$

式中 K 为竖向土压力系数,对沟埋式涵管取 1.2,则:
$$q_B = K\gamma H = 1.2 \times 18 \times 4 = 86.4 (kN/m^2)$$

合力为:
$$G_B = q_B D_1 = 86.4 \times 1.2 = 103.7 (kN/m)$$

(2)侧向土压力

作用于圆管的侧向土压力按均匀分布,其数值按圆管中心处的压力计算。
$$q_x = \gamma H_0 \tan^2\left(45° - \frac{\varphi}{2}\right) = 18 \times (4.0 + 0.6) \times \tan^2\left(45° - \frac{30°}{2}\right) = 27.6 (kN/m^2)$$

73

90°砂石基础时侧压力的合力为：
$$G_x = 1.707 q_x r = 1.707 \times 27.6 \times 0.55 = 25.9 (\text{kN/m})$$

(3)汽车荷载产生的垂直压力

按规范的规定，汽车荷载按车辆荷载计算，该汽车两个后轴各140kN，间隔1.4m，后轴上轮距1.8m。后轮着地宽度$b = 0.6$m，着地长度$a = 0.2$m，两主轴和两主轮荷载扩散后在管顶重叠，因此：

$$q'_B = \frac{2P}{(a+e+1.4H)(b+d+1.4H)}$$
$$= \frac{2 \times 140}{(0.2+1.4+1.4 \times 4.0)(0.6+1.8+1.4 \times 4.0)} = 4.86(\text{kN/m}^2)$$

由汽车荷载产生的垂直合力为：
$$G'_B = q'_B D_1 = 4.86 \times 1.2 = 5.83(\text{kN/m})$$

(4)圆管自重
$$G = 2\pi r \gamma_c t = 2 \times 3.14 \times 0.55 \times 25 \times 0.10 = 8.64(\text{kN/m})$$

(5)管内水重
$$G_s = \pi r_0^2 \gamma_w = 3.14 \times 0.5^2 \times 10 = 7.85(\text{kN/m})$$

2. 内力计算

内力计算采用查表法进行。先按圆管放在平基上，从表4-3查得垂直荷载作用下各控制断面的内力，然后再按圆管放在土弧(砂石)上，从表4-4查得在垂直荷载作用下所得各控制断面的内力修正值，将上述两种情况所得的内力叠加，便可得到各控制断面在垂直荷载作用下的内力。在水平荷载作用下，圆管各控制断面的内力可从表4-5查得。控制断面位置见图4-5。

由垂直土压力产生的内力：
$$M_1 = (0.294 - 0.116) G_B r$$
$$= (0.294 - 0.116) \times 103.7 \times 0.55 = 10.15(\text{kN·m})$$
$$M_2 = (-0.154 + 0.009) G_B r$$
$$= (-0.154 + 0.009) \times 103.7 \times 0.55 = -8.27(\text{kN·m})$$
$$M_3 = (0.150 - 0.009) G_B r = (0.150 - 0.009) \times 103.7 \times 0.55 = 8.04(\text{kN·m})$$
$$N_1 = (0.053 + 0.127) G_B = (0.053 + 0.127) \times 103.7 = 18.67(\text{kN})$$
$$N_2 = (0.50 + 0.00) G_B = (0.50 + 0.00) \times 103.7 = 51.85(\text{kN})$$
$$N_3 = (-0.053 + 0.018) G_B = (-0.053 + 0.018) \times 103.7 = -3.63(\text{kN})$$

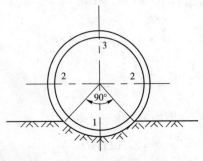

图4-5 控制断面位置图

由汽车荷载(垂直压力)产生的内力：
$$M_1 = (0.294 - 0.116) G'_B r$$
$$= (0.294 - 0.116) \times 5.83 \times 0.55 = 0.57(\text{kN·m})$$
$$M_2 = (-0.154 + 0.009) G'_B r$$
$$= (-0.154 + 0.016) \times 5.83 \times 0.55 = -0.46(\text{kN·m})$$
$$M_3 = (0.150 - 0.009) G'_B r$$
$$= (0.150 - 0.003) \times 5.83 \times 0.55 = 0.45(\text{kN·m})$$
$$N_1 = (0.053 + 0.127) G'_B = (0.053 + 0.127) \times 5.83 = 1.05(\text{kN})$$

$$N_2 = (0.50 + 0.00)G'_B = (0.50 + 0.00) \times 5.83 = 2.92(\text{kN})$$
$$N_3 = (-0.053 + 0.018)G'_B = (-0.053 + 0.018) \times 5.83 = -0.20(\text{kN})$$

由管自重产生的内力:

$$M_1 = (0.239 - 0.116)G_n r = (0.239 - 0.116) \times 8.64 \times 0.55 = 0.58(\text{kN} \cdot \text{m})$$
$$M_2 = (-0.091 + 0.009)G_n r = (-0.091 + 0.009) \times 8.64 \times 0.55 = -0.39(\text{kN} \cdot \text{m})$$
$$M_3 = (0.080 - 0.009)G_n r = (0.080 - 0.009) \times 8.64 \times 0.55 = 0.34(\text{kN} \cdot \text{m})$$
$$N_1 = (0.080 + 0.127)G_n = (0.080 + 0.127) \times 8.64 = 1.79(\text{kN})$$
$$N_2 = (0.25 + 0.00)G_n = (0.25 + 0.00) \times 8.64 = 2.16(\text{kN})$$
$$N_3 = (-0.080 + 0.018)G_n = (-0.080 + 0.018) \times 8.64 = -0.54(\text{kN})$$

由管内水重产生的内力:

$$M_1 = (0.239 - 0.116)G_s r = (0.239 - 0.116) \times 7.85 \times 0.55 = 0.53(\text{kN} \cdot \text{m})$$
$$M_2 = (-0.091 + 0.009)G_s r = (-0.091 + 0.009) \times 7.85 \times 0.55 = -0.35(\text{kN} \cdot \text{m})$$
$$M_3 = (0.080 - 0.009)G_n r = (0.080 - 0.009) \times 7.85 \times 0.55 = 0.31(\text{kN} \cdot \text{m})$$
$$N_1 = (0.398 + 0.127)G_s = (0.398 + 0.127) \times 7.85 = 4.12(\text{kN})$$
$$N_2 = (0.0686 + 0.00)G_s = (0.0686 + 0.00) \times 7.85 = 0.54(\text{kN})$$
$$N_3 = (0.239 + 0.018)G_s = (0.239 + 0.018) \times 7.85 = 2.02(\text{kN})$$

由侧向土压力引起的内力:

$$M_1 = -0.131 G_x r = -0.131 \times 25.9 \times 0.55 = -1.87(\text{kN} \cdot \text{m})$$
$$M_2 = 0.143 G_x r = 0.143 \times 25.9 \times 0.55 = 2.04(\text{kN} \cdot \text{m})$$
$$M_3 = -0.143 G_x r = -0.143 \times 25.9 \times 0.55 = -2.04(\text{kN} \cdot \text{m})$$
$$N_1 = 0.421 G_x = 0.421 \times 25.9 = 11.45(\text{kN})$$
$$N_2 = 0$$
$$N_3 = 0.579 G_x = 0.579 \times 25.9 = 15.75(\text{kN})$$

外荷载在圆管各控制断面产生的内力列于表 4-7。在强度计算的荷载组合时,自重乘以 1.2 的分项系数,土压力、管内水重乘以 1.27 的分项系数,汽车荷载乘以 1.4 的分项系数,侧向土压力乘以 1.0 的系数(对结构有利)。在裂缝验算时,自重、管内水重和土压力按标准值计算,汽车荷载乘以 0.5 的准永久系数。圆管弯矩图如图 4-6 所示。

圆管各控制断面内力　　　　　　　　表 4-7

荷 载	弯矩(kN·m)			轴力(kN)		
	M_1	M_2	M_3	N_1	N_2	N_3
垂直土压力 G_B	10.15	-8.27	8.04	18.67	51.85	-3.63
汽车荷载垂直压力 P_B	0.57	-0.46	0.45	1.05	2.92	-0.20
管自重 G	0.58	-0.39	0.34	1.79	2.16	-0.54
管内水重 G_s	0.53	-0.35	0.31	4.12	0.54	2.02
侧向土压力 G_x	-1.87	2.04	-2.04	11.45	0	15.75
强度计算时荷载效应组合	13.15	-9.99	9.58	43.72	73.18	12.64
裂缝验算时荷载效应组合	9.68	-7.20	6.88	36.56	56.01	15.50

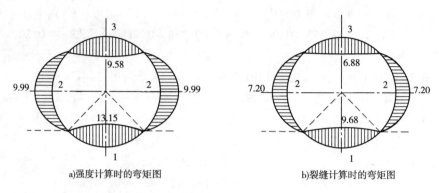

图 4-6　圆管的弯矩图(单位:kN·m)

3. 承载能力和裂缝宽度验算

管道为钢筋混凝土Ⅱ级管,查表 4-2 得开裂(裂缝宽度 0.2mm)时的承载力为 69kN/m,破坏时的承载力为 100kN/m。

验算时,只需计算出集中荷载作用下的最大弯矩,并与前面计算的相应最大弯矩比较:

开裂时:$M_{max} = 0.318 r P_C = 0.318 \times 0.55 \times 69 = 12.07 (kN \cdot m)$

破坏时:$M_{max} = 0.318 r P_P = 0.318 \times 0.55 \times 100 = 17.49 (kN \cdot m)$

上述计算的结果是开裂和破坏时的最大承载能力,相当于承载能力的标准值。它与设计时所取的承载能力设计值有一定差别,主要是计算时材料强度的取值不同。在承载能力极限强度计算时,钢筋和混凝土强度都采用设计值。它为强度标准值除以材料分项系数。对混凝土,材料分项系数为 1.4,对普通钢筋,材料分项系数为 1.1,对预应力钢筋,材料分项系数为 1.2。因此对素混凝土管道,破坏时最大弯矩的设计值应为标准值除以 1.4。而对钢筋混凝土,在受弯和大偏心受压时,承载能力主要取决于钢筋的强度,但混凝土的强度也有一定影响。根据计算,其承载能力设计值与标准值之间相差 1.15(普通钢筋混凝土)和 1.25 左右(预应力钢筋混凝土)。

在裂缝验算时,裂缝宽度计算公式中所用的材料参数为:混凝土强度为标准值,钢筋为弹性模量,它没有标准值与设计值。因此,在裂缝宽度验算时,设计值与标准值是相同的。

在本题中,强度验算时的最大计算弯矩为 13.15kN·m。管道破坏时最大弯矩为 17.49kN·m,两者的比值为 1.33,因此是安全的。裂缝验算时最大计算弯矩为 9.68kN·m,管道开裂时的最大弯矩为 12.07kN·m,因此也是安全的。

【例 4-2】 在[例 4-1]中,若将基础改为 135°混凝土基础,管道为钢筋混凝土Ⅰ级管,试计算管道内力,并验算承载能力。

解:1. 外荷载计算

管径 1 000mm 的Ⅰ级管管壁厚为 7.5cm,管的外径为 1.15m,断面平均半径为 0.537 5m。外荷载的计算方法与[例 4-1]相同,这里仅列出结果,如表 4-8 所示。

外 荷 载 计 算 表　　表 4-8

项　　目	垂直土压力	侧向土压力	汽车荷载	管自重	管内水重
荷载(kN/m)	99.36	31.74	5.59	6.33	7.85

注:侧向土压力按 $G_x = q_x D_1$ 计算。

2. 内力计算

在垂直均布荷载和水平均布荷载作用时,内力按北京市市政设计院建议的系数计算,其余仍按前面的方法计算。计算结果列于表 4-9。

圆管各控制断面内力　　　　表 4-9

荷 载	弯矩(kN·m)		轴力(kN)
	M_2	M_3	N_2
垂直土压力 G_B	-3.47	3.47	49.68
汽车荷载垂直压力 P_B	-0.20	0.20	2.80
管自重 G	-0.20	0.18	1.58
管内水重 G_s	-0.25	0.22	0.54
侧向土压力 G_x	0.89	-0.89	0
强度计算时荷载效应组合	-4.13	4.06	66.23
裂缝验算时荷载效应组合	-3.13	3.08	53.20

3. 承载能力和裂缝验算

1 000mm 钢筋混凝土 I 级管最大开裂荷载为 40kN/m,破坏荷载为 60kN/m。则该集中力作用时截面最大弯矩为:

开裂时:

$$M_{max} = 0.318 r P_C = 0.318 \times 0.5375 \times 40 = 6.84 (kN \cdot m)$$

破坏时:

$$M_{max} = 0.318 r P_P = 0.318 \times 0.5375 \times 60 = 10.26 (kN \cdot m)$$

破坏时的弯矩与管道最大计算弯矩之比为 2.48,开裂时的弯矩也比裂缝计算的弯矩大得多,因此是安全的,且有较大余度。

第四节　圆管的基础和接口

一、圆管的基础

开槽施工的圆管,基础一般用砂石基础和混凝土基础两类。顶管施工时自然形成弧形土基。砂石基础施工方便,但承载能力较低,在上部荷载作用下容易产生沉降。一般适用于柔性接口管道。而混凝土基础承载能力高,在纵向形成一带形基础,保证圆管轴线在铅直平面内成一直线,并防止圆管沿纵向发生较大的不均匀沉陷。同时,混凝土基础为圆管横向创造了有利的受力条件,使管壁弯矩减小,管壁厚度减薄。

混凝土基础可按构造要求确定基础的宽度和厚度,一般不作纵向内力计算。

基础的厚度一般不小于 2t,且不小于 10cm。这里 t 是管壁厚度,具体的数值根据实际情况选定。基础宽度与管基中心角有关。当中心角为 90°时,可取 D_1;中心角为 135°时,可取 $D_1 + 3t$;中心角 180°时,可取 $D_1 + 3t$ 或 $D_1 + 4t$。当管径较小时,不小于 $D_1 + 16cm$。这里 D_1 为管外径。

表 4-10 和表 4-11 是《给水排水标准图集》中两种混凝土基础的尺寸,在设计中可参考。表中各字母的含义见图 4-7 和图 4-8。

120°混凝土基础尺寸(单位:mm)　　表 4-10

管径 D	管壁厚 t	管肩宽 a	管基宽 B	管基厚 C_1	管基厚 C_2
300	30	80	520	100	90
400	35	80	630	100	118
500	42	80	744	100	146
600	50	100	900	100	175
700	55	100	1 010	100	203
800	65	100	1 130	100	233
900	70	105	1 250	105	260
1 000	75	113	1 376	113	288
1 100	85	128	1 526	128	318
1 200	90	135	1 650	135	345
1 350	105	158	1 876	158	390
1 500	115	173	2 076	173	433
1 650	125	188	2 276	188	475
1 800	140	210	2 500	210	520
2 000	155	233	2 776	233	578
2 200	175	263	3 076	263	638
2 400	185	278	3 326	278	693

180°混凝土基础尺寸(单位:mm)　　表 4-11

管径 D	管壁厚 t	管肩宽 a	管基宽 B	管基厚 C_1	管基厚 C_2
300	30	80	520	100	180
400	35	80	630	100	235
500	42	80	744	100	292
600	50	100	900	100	350
700	55	110	1 030	110	405
800	65	130	1 190	130	465
900	70	140	1 320	140	520
1 000	75	150	1 450	150	575
1 100	85	170	1 610	170	635
1 200	90	180	1 740	180	690
1 350	105	210	1 980	210	780
1 500	115	230	2 190	230	865
1 650	125	250	2 400	250	950
1 800	140	280	2 640	280	1 040
2 000	155	310	2 930	310	1 150
2 200	175	350	3 250	350	1 275
2 400	185	370	3 510	370	1 385

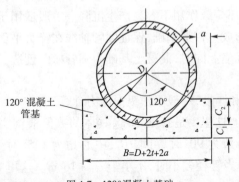

图 4-7　120°混凝土基础

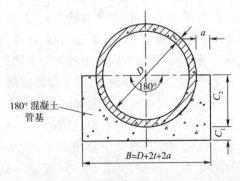

图 4-8　180°混凝土基础

在荷载很大的地段,或为防止施工机械压坏管道,也可采用满包混凝土加固,如表4-12和图4-9所示。

满包混凝土加固的尺寸(单位:mm)　　　　　　　　　　表4-12

管径 D	管壁厚 t	断面尺寸		管径 D	管壁厚 t	断面尺寸	
		S	e			S	e
300	30	80	215	1 200	90	100	654
400	35	80	261	1 350	105	105	733
500	42	80	308	1 500	115	115	812
600	50	100	373	1 650	125	125	891
700	55	100	418	1 800	140	140	978
800	65	100	468	2 000	155	155	1 085
900	70	100	514	2 200	175	175	1 201
1 000	75	100	559	2 400	185	185	1 301
1 100	85	100	609				

不同的基础形式适用于不同的埋深条件和管道等级。在《给水排水标准图集》中,给出了混凝土和砂石基础在不同管道条件下的覆土厚度范围,见表4-13。在设计中,如无特殊荷载或特殊地质条件,可以参考。

二、圆管的接口

排水管道的不透水性和耐久性,在很大程度上取决于敷设管道时接口的质量。管道接口应具有足够的强度,不透水,并有一定的弹性。根据接口弹性的大小,分为柔性接口和刚性接口。

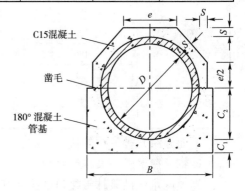

图4-9　满包混凝土加固

柔性接口允许管道在接口处产生一定的变形而不致引起渗漏。柔性接口包括橡胶圈接口、加止水带的现浇套环接口等。柔性接口能适应地基沉陷等引起的变形,特别是在地震区,对管道抗震有显著作用。但柔性接口施工复杂,造价较高。在管道的覆土突变处、地基土质变化较大处、与井壁连接处及伸缩缝处应设柔性接口,其他部位有条件时也可设柔性接口。

刚性接口不允许接口处产生变形,但施工比柔性接口简单、造价较低,因此采用较广泛。常用的刚性接口有钢丝网水泥砂浆抹带接口、现浇套环接口等。刚性接口抗震性能差,用在地基比较好、有混凝土基础的无压管道上。

标准图集中不同基础和管道的适用范围　　　　　　　　　　表4-13

基础类型	支承角(°)	管　道	直径(mm)	覆土范围(m)
混凝土	120	混凝土 Ⅰ级管	200~300	2.0
			350~600	1.5
	180		200~300	2.5
			350~600	2.0

续上表

基础类型	支承角(°)	管道	直径(mm)	覆土范围(m)
混凝土	90	混凝土Ⅱ级管	200~300	2.5
			350~600	1.5
	120		200~300	3.0
			350~600	2.0
	180		200~300	4.0
			350~600	3.0
	120	钢筋混凝土Ⅰ级管	300~2400	0.7~3.5
	180			4.0~6.0
	满包			<0.7,6~8
砂石	90	预应力Ⅰ级管	400~2000	0.7~2.0
	120			0.7~3.0
	180			0.7~4.0
	90	预应力Ⅱ级管		2.0~4.0
	120			3.0~5.0
	180			4.0~6.0
	90	预应力Ⅲ级管		4.0~6.0
	120			5.0~7.0
	180			6.0~8.0

下面介绍几种常用的接口方法：

1. 钢丝网水泥砂浆抹带接口

钢丝网水泥砂浆抹带接口如图4-10所示。在平口或企口管的接口处用1:2水泥砂浆抹带，宽度为200~250mm，厚度为25~35mm。带中应设1~2层20号10mm×10mm钢丝网，钢丝网应锚入混凝土基础内100~150mm，与抹带接触部分的管外壁应凿毛。管口间的缝隙用水泥砂浆、膨胀水泥砂浆等刚性填料填实。钢丝网水泥砂浆抹带接口属于刚性接口，适用于有混凝土基础的无压管道上。

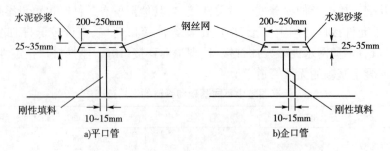

图4-10 钢丝网水泥砂浆抹带接口

2. 现浇套环接口

现浇套环接口如图4-11所示，可做成刚性接口和柔性接口。刚性接口应在管道接口处将管外壁凿毛,现浇钢筋混凝土外套环,宽度为200~300mm,厚度不小于80mm。柔性接口应在管口处将整体套环分为两环,中间以止水带相连,每边套环的宽度为300~400mm,厚度不小于250mm。现浇套环接口可用于平口或企口管,管口间的缝隙,对刚性接口可用刚性材料填实,对柔性接口可用填缝板填实。现浇套环用于有混凝土管基的管道上;刚性接口适用于对管道纵向刚度要求较高的管道,柔性接口适用于地基有可能产生较大变形的管道,且套环接口处的混凝土管基亦应断开。

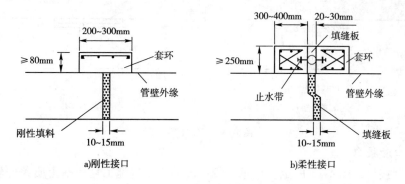

图 4-11 现浇套环接口

3. 企口管橡胶圈接口

企口管橡胶圈接口如图4-12所示,应在企口管中放置止水橡胶圈,管壁应有足够的厚度。这种接口形式只宜用在口径较大开槽施工的管道上。

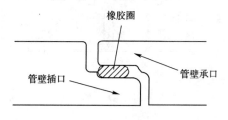

图 4-12 企口橡胶圈接口

4. 承插口管接口

承插口管接口如图4-13所示。可做成刚性接口或柔性接口。刚性接口可在管口中填入刚性填料,柔性接口应在管口中设置止水橡胶带圈。承插口管接口适用于开槽施工的土基或砂基无压管道。

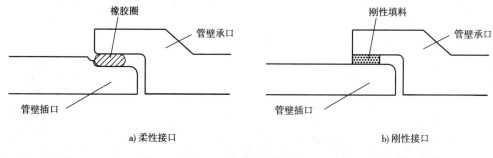

图 4-13 承插口管接口

5. 双插口管接口

双插口管接口如图 4-14 所示。双插口管一般用在顶进施工的管道上。当顶进施工中无地下水或降水良好时，可采用刚性接口；当地基土质较差，管道存在地基不均匀变形时，应采用柔性接口。在双插口管接口处应安装 T 形钢套环，两侧管口均插入钢套环中，柔性接口应在钢套环内设置橡胶圈，刚性接口可不设置橡胶圈。

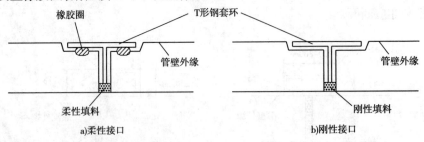

图 4-14 双插口管接口

6. 钢承口管接口

钢承口管接口如图 4-15 所示。钢承口管一般用于顶进施工且地基土质条件较差的管道。该接口为柔性接口。在制管时将钢制套环安装在管口上作为钢承口，并应在承插口中放置止水橡胶圈。

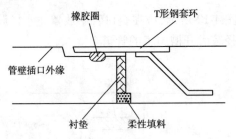

图 4-15 钢承口管接口

第五章 盖板沟设计

第一节 盖板明沟的构造

盖板明沟是机场排水中最常用的结构物。通常设在跑道、停机坪边缘或平地区中部,用于拦截和排除表面径流。因此盖板明沟必须有足够的进水能力和输水能力,具有足够的承载能力,保证飞机偶尔在盖板明沟上滑行时的安全。盖板明沟的结构形式如图5-1所示。根据荷载的大小及沟宽、沟深的不同,沟槽可采用混凝土或钢筋混凝土修筑,在平地区有时也用浆砌块石等砌筑。为了使表面水顺利流入沟槽内,盖板可做成细腰状。相邻两块盖板并合后形成进水孔。进水孔的长度等于或略小于沟槽的净宽,孔宽4~5cm。盖板一般采用预制的钢筋混凝土,厚度不小于15cm,常用的厚度为20~25cm。在大型停机坪中部有时也用钢箅子盖板,常用扁钢、角钢

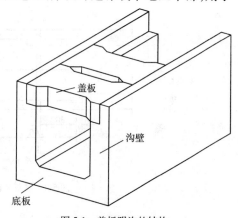

图5-1 盖板明沟的结构

焊接而成,或用球墨铸铁铸造而成,厚度一般为8~12cm。为便于施工与维护时搬动,混凝土盖板的宽度通常采用40~50cm。为了很好地拦截道面表面径流,盖板应低于相邻的道面或道肩1~2cm。但在经常有飞机或车辆通行的部位,应与道面平齐。

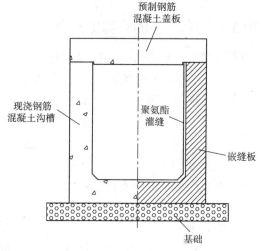

图5-2 盖板明沟横断面图

沟槽多采用沟壁和沟底浇筑在一起的整体结构。沟槽的深度和宽度,除了需要满足输水要求外,还要使得沟槽的结构较经济,并便于施工与维护。沟槽净宽一般为40~120cm,净深一般为40~150cm。沟底与侧墙的交接处设护角,如图5-2所示,护角尺寸不小于10cm。混凝土沟壁与沟底的厚度不小于15cm,圬工砌体不小于24cm。为了便于施工,一条盖板沟的槽宽、沟壁和底板厚度一般不变。

沟槽顶部可设耳墙,盖板安装后对沟壁有支撑作用,如图5-1所示,其搁置长度不小于7cm。也可不设耳墙,将盖板直接搁置在侧墙上。此时常将盖板中部下缘加厚2cm,可起一定的支撑作用,但这种支撑作用比较弱。在沟深较大或侧向冻胀较严重的地区,可每隔一定距离设固定盖

板,将沟壁与盖板现浇在一起。这种形式对抵抗沟壁侧向荷载很有利,可减少因侧向荷载而造成的沟槽损坏,但这种结构施工较麻烦。为了避免现浇固定盖板的不便,可在预制盖板上留孔,侧墙顶部预留主钢筋,盖板安装时将钢筋插入预留孔中,并用水泥浆粘接。一般每段盖板沟设两处固定盖板,每处两块。这种连接比较方便,但强度不大,支承作用不明显。

为了提高地基的强度,减少沉陷,通常在沟底铺筑基础。基础常用15~20cm厚的碎石,也可根据当地情况铺设石灰土或砂砾石等基础。沿沟槽纵向每10~20m要设置伸缩缝。缝宽一般为2cm,缝内填塞沥青泡制木板或低发泡聚乙烯泡沫板等材料,表面2cm用聚氨酯等防水材料灌缝,见图5-2。为防止伸缩缝两侧盖沟的不均匀沉陷,减小沟槽端的内力,可在伸缩缝处设置传力杆,见图5-3。

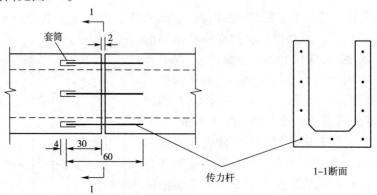

图5-3 盖板明沟纵向接缝的传力杆(尺寸单位:cm)

第二节 作用于沟壁上的侧向土压力计算

沟壁的侧向土压力计算包括两个方面的内容,其一是填土产生的侧向土压力,另一个是可变荷载作用在沟壁外侧时产生的侧向土压力。

一、填土在沟壁产生的侧向土压力

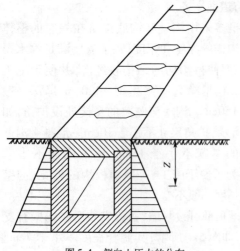

图5-4 侧向土压力的分布

沟槽的两个侧壁,按实际受力情况可作为挡土墙考虑,侧向土压力的分布见图5-4,填土在沟壁上产生的侧向土压力按下式确定:

$$q_x = \gamma Z \tan^2(45° - \varphi/2) - 2c \tan(45° - \varphi/2) \tag{5-1}$$

式中:γ——土的重度;
Z——计算点距地面的距离;
φ——土的内摩擦角;
c——土的黏聚力。

对于砂性土,$c=0$。则式(5-1)简化成:

$$q_x = \gamma Z \tan^2(45° - \varphi/2) \tag{5-2}$$

黏性土的内摩擦角 φ 一般为 $15°\sim22°$，黏聚力 $c=10\sim50$kPa。为方便起见，黏性土也可用式(5-2)计算。即不直接考虑黏聚力，而将内摩擦角作一定修正。对一般黏性土，修正后可取 $\varphi=30°\sim35°$。侧向土压力的分布如图 5-4 所示。

二、可变荷载在沟壁产生的侧向土压力

在圆涵、箱涵等的设计中，都计算过可变荷载产生的侧向土压力。由于这些结构埋于地下，可变荷载产生的侧向压力是通过一定厚度的土层传递的，比较弱小，故计算时以一定的扩散角扩散到结构物，计算出垂直土压力，然后乘以侧向土压力系数求得的，方法简单易行。但可变荷载在盖板明沟的沟壁上产生的侧向土压力就不同了，这时荷载直接作用，土压力扩散范围小，所以危害较大。因此侧向土压力计算应按更准确的方法计算。

从安全和简便方面考虑，可将飞机或汽车的轮载按集中荷载处理。侧向土压力直接应用土力学中布西奈斯克课题的应力解公式计算。

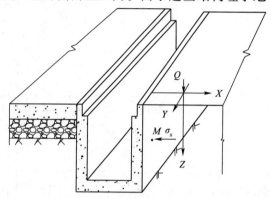

图 5-5 可变荷载作用下的侧向土压力

如图 5-5 所示结构，受集中荷载 Q 作用，计算断面上任一点 M 处的侧向土压力：

$$\sigma_x = Q\frac{K_x}{Z^2} \tag{5-3}$$

$$K_x = \frac{3Z^2}{2\pi}\left\{\frac{X^2 Z}{R^5} + \frac{1-2\mu_0}{3}\left[\frac{1}{R(R+Z)} - \frac{(2R+Z)X^2}{(R+Z)^2 R^3} - \frac{Z}{R^3}\right]\right\} \tag{5-4}$$

式中：Q——作用在地面的集中荷载；

Z——计算点 M 到地面的垂直距离；

X——集中荷载到沟壁的垂直距离；

R——集中荷载到计算点的直线距离，$R=\sqrt{X^2+Y^2+Z^2}$；

Y——集中荷载到计算点沿沟槽的纵向距离；

μ_0——土的泊松比，可按表 5-1 取值。

土 的 泊 松 比   表 5-1

土 的 种 类	砂土	粉土	黏土
μ_0	0.3	0.35	0.4

为了减少计算工作量，K_x 值可以从诺模图(图 5-6)中查出。由此可以求得轮载作用下沟壁上侧压力的分布规律，如图 5-7 所示。

从图 5-7 可以看出，轮载在沟壁上引起的侧向土压力分布是非常不均匀的，土压力沿沟槽纵向的分布递减很快，距轮载稍远处的压力值已经非常小了，因此轮载只在局部对沟壁产生侧向土压力作用。根据经验，在实际计算中侧向土压力沿纵向的作用长度可取沟深的 1.5 倍。

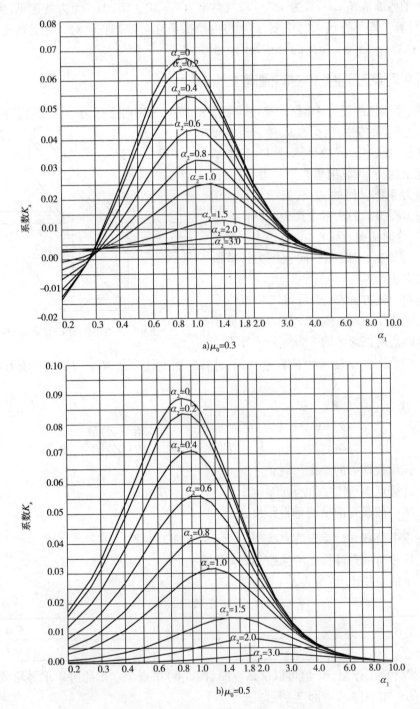

图 5-6　系数 K_x 计算诺模图

注：$\alpha_1 = X/Z$；$\alpha_2 = Y/Z$

此外，机轮作用下沟壁侧向土压力的大小与机轮距沟壁的距离 X 有关。可以通过试算找出机轮的最不利位置，这个最不利位置与沟深有关。

当飞机的起落架中有多个机轮时,可将各个机轮作用下产生的侧向土压力叠加。为了获得最大侧向土压力,应对机轮作用的多种可能情况进行比较,找出最不利位置。图 5-8 是四轮小车式起落架作用时的几种情况。

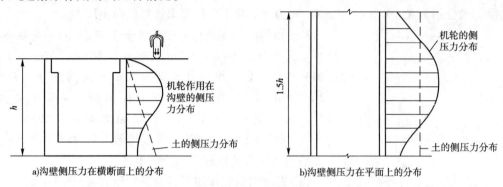

图 5-7　沟壁侧压力的分布

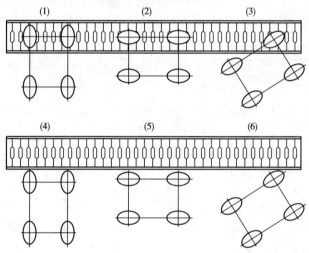

图 5-8　起落架的作用位置

【例 5-1】　某盖板明沟的横断面如图 5-9 所示,沟槽用 C25 混凝土浇筑,纵向每 20m 设一条伸缩缝。考虑用苏 – 27 飞机最大起飞荷载进行设计。主起落架为单轮,轮载 150kN。土基为湿黏土,重度为 18kN/m³,变形模量 E_0 = 17MPa。试计算沟壁可能承受的侧向土压力及机轮产生的侧向土压力。

解:1. 侧向土压力计算

侧向填土为黏性土,忽略黏聚力,取 $\varphi = 30°$。

$Z = 0.2\text{m}$ 时:

$q_x = \gamma Z \tan^2(45° - \varphi/2) = 18 \times 0.2 \times \tan^2(45° - 30°/2)$
$ = 1.2(\text{kN/m}^2)$

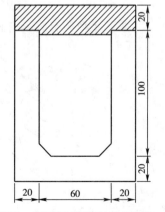

图 5-9　盖板明沟横断面(尺寸单位:cm)

$Z = 1.3\text{m}$ 时:

$q_x = \gamma Z \tan^2(45° - \varphi/2) = 18 \times 1.3 \times \tan^2(45° - 30°/2) = 7.8(\text{kN/m}^2)$

侧向土压力按梯形分布,如图 5-10 所示。

2. 机轮作用下的侧向土压力

机轮的位置影响沟壁侧向土压力的大小。因此应通过试算,找出最不利位置。我们选定机轮距沟槽分别为 $X = 0.2m$、$0.4m$、$0.6m$、$0.8m$ 共 4 个位置来计算侧向土压力。

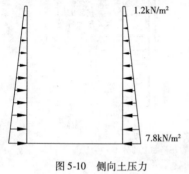

图 5-10 侧向土压力

Z 值计算时将侧壁总高度按 5 等分考虑,间距为 $0.24m$,计算点深度分别为:$Z = 0.2m$、$0.44m$、$0.68m$、$0.92m$、$1.16m$、$1.40m$ 共 6 个值。纵向计算宽度取 1.5 倍沟深,$B = 1.5 \times 1.2 = 1.8m$,由于对称性,只计算一半,并分为 4 等分,则间距为 $0.225m$。计算点取 $Y = 0m$、$0.225m$、$0.45m$、$0.675m$、$0.9m$ 共 5 点,见图 5-11。分别计算各点的侧压力,并求出平均值。

平均侧压力系数的求解分三步进行:

(1)先求出荷载作用下各点处的压力值[图 5-12a)]。

(2)求出垂向平均压力值[图 5-12b)]。

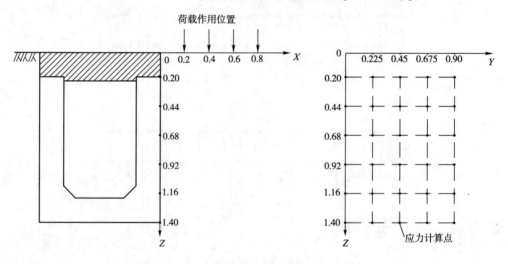

图 5-11 荷载作用位置及侧向土压力计算分区图

(3)求整个荷载有效影响面积的平均值[图 5-12c)]。

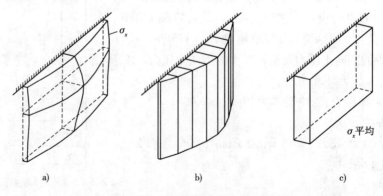

图 5-12 侧向土压力分布简化模型

侧压力系数计算。其中 $\left(\dfrac{K_x}{Z^2}\right)_P$、$\left(\dfrac{K_x}{Z^2}\right)_{PP}$ 的计算方法举例说明如下：

当机轮位于第一位置时，$X=0.2\text{m}$。取 $Y=0$，Z 从 0.2m 至 1.4m，分别求出各点的 K_x 和 $\dfrac{K_x}{Z^2}$，见表 5-2，并求平均值 $\left(\dfrac{K_x}{Z^2}\right)_P$：

$$\left(\dfrac{K_x}{Z^2}\right)_P = \dfrac{1}{5}[(1.877+0)/2+0.2473+0.0403+0.0056+0] = 0.2463$$

然后，分别求出 $Y=0.225\text{m}$、0.45m、0.675m、0.9m 时的 $\left(\dfrac{K_x}{Z^2}\right)_P$，并计算机轮位于第一位置时整个有效影响面积的平均侧压力系数：

$$\left(\dfrac{K_x}{Z^2}\right)_{PP} = \dfrac{1}{4}[(0.2463+0.0071)/2+0.0936+0.0262+0.0114] = 0.0645$$

同样可计算出机轮作用在 0.4m、0.6m、0.8m 时的平均值 $\left(\dfrac{K_x}{Z^2}\right)_{PP}$，分别为 0.0815、0.0746、0.0612。可以发现，当 $X=0.4\text{m}$ 时，平均侧压力系数为最大，$\left(\dfrac{K_x}{Z^2}\right)_{PP}=0.0815$，相应的平均侧压力为：

$$\sigma_{x,\text{p}} = Q\left(\dfrac{K_x}{Z^2}\right)_{PP} = 150.0\times0.0815 = 12.2(\text{kN/m}^2)$$

在实际计算中，可以利用 Excel 表进行计算，只要改变 X、Y、Z 值，即可得到相应的 K_x 和 $\dfrac{K_x}{Z^2}$，并统计出平均值，计算比较方便。

沟槽平均侧压力系数计算表　　表 5-2

机轮作用的位置	计算点的坐标			K_x	$\dfrac{K_x}{Z^2}$	$\left(\dfrac{K_x}{Z^2}\right)_P$	$\left(\dfrac{K_x}{Z^2}\right)_{PP}$
	X	Y	Z				
第一位置	0.20	0.0	0.20	0.075 08	1.877 0	0.246 3	0.064 5
			0.44	0.047 88	0.247 3		
			0.68	0.018 61	0.040 3		
			0.92	0.004 73	0.005 6		
			1.16	0	0		
			1.40	0	0		
		0.225	0.20	0.022 5	0.562 7	0.093 6	
			0.44	0.029 2	0.150 7		
			0.68	0.014 4	0.031 2		
			0.92	0.004 0	0.004 7		
			1.16	0	0		
			1.40	0	0		

续上表

机轮作用的位置	计算点的坐标			K_x	$\dfrac{K_x}{Z^2}$	$\left(\dfrac{K_x}{Z^2}\right)_P$	$\left(\dfrac{K_x}{Z^2}\right)_{PP}$
	X	Y	Z				
第一位置	0.20	0.45	0.20	0.004 4	0.109 5	0.026 2	0.064 5
			0.44	0.010 8	0.055 7		
			0.68	0.008 0	0.017 3		
			0.92	0.002 6	0.003 1		
			1.16	0	0		
			1.40	0	0		
		0.675	0.20	0.001 7	0.042 4	0.011 4	
			0.44	0.004 7	0.024 1		
			0.68	0.004 5	0.009 7		
			0.92	0.001 9	0.002 2		
			1.16	0	0		
			1.40	0	0		
		0.90	0.20	0.001 0	0.024 6	0.007 1	
			0.44	0.002 8	0.014 3		
			0.68	0.003 1	0.006 7		
			0.92	0.001 7	0.002 0		
			1.16	0	0		
			1.40	0	0		

第三节 盖板的结构设计

盖板明沟的盖板露于地面,除受本身自重作用外,主要受可变荷载的直接作用。根据盖板明沟所在的位置不同,按飞机荷载或汽车荷载进行设计。飞机和汽车的轮印面积已在第二章介绍。

盖板内力按简支梁计算。在自重作用下的弯矩和剪力与盖板涵的盖板相同,不再详述。在可变荷载作用时,跨中最大弯矩发生在如图 5-13 所示的荷载布置下,其值按下式计算:

$$M_{\max} = \dfrac{qc}{4}\left(l - \dfrac{c}{2}\right)B \tag{5-5}$$

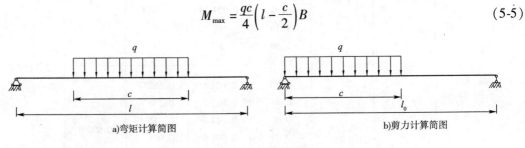

图 5-13 盖板受力简图

支点最大剪力发生在荷载靠近支点时,其值为:

$$V = qc\left(1 - \frac{c}{2l_0}\right)B \tag{5-6}$$

以上式中:q——轮胎压力;

c——轮印在跨径方向的长度;

B——轮印宽度,当 B 大于板宽时取板宽值;

l_0——净跨径;

l——计算跨径,$l = l_0 + d$,d 为搁置长度,其计算值不超过板厚。

盖板为钢筋混凝土,其强度计算方法参见第三章,这里通过例题加以说明。

【例 5-2】 设计资料同[例 5-1],试设计盖板明沟的盖板。

解:1. 初设尺寸

设盖板宽 0.5m,实际两端宽度为 0.49m,中间宽度 0.45m,总长度 1.0m,如图 5-14 所示。盖板中部厚度为 0.22m,两端厚度为 0.20m。盖板混凝土用 C30,主筋用 HRB335 级钢筋。

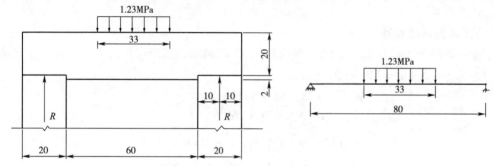

图 5-14 盖板受力图(尺寸单位:cm)

2. 荷载计算

盖板自重:

$$g = 25 \times 0.45 \times 0.22 = 2.475 (\text{kN/m})$$

单个机轮荷载 $Q = 150\text{kN}$,轮胎压力 $q = 1.23\text{MPa}$。则轮印面积为:

$$A = \frac{\mu_D Q}{1\,000q} = \frac{1.3 \times 150.0}{1\,000 \times 1.23} = 0.158\,5(\text{m}^2)$$

轮印长度:

$$a = 1.205\sqrt{A} = 1.203 \times \sqrt{0.158\,5} = 0.48(\text{m})$$

轮印宽度:

$$b = 0.83\sqrt{A} = 0.83 \times \sqrt{0.158\,5} = 0.33(\text{m})$$

3. 内力计算

$$l = l_0 + d = 0.60 + 0.20 = 0.80(\text{m})$$

永久荷载内力:

跨中弯矩:

$$M = \frac{g}{8}l^2 = \frac{2.475}{8} \times 0.8^2 = 0.198(\text{kN} \cdot \text{m})$$

支点剪力:

$$V = \frac{g}{2}l_0 = \frac{2.475}{2} \times 0.60 = 0.74(\text{kN})$$

可变荷载内力：

设机轮前进方向与盖板沟轴线一致，则 $c = 0.33$m，$B = 0.48$m。

跨中最大弯矩：

$$M = \frac{qc}{4}\left(l - \frac{c}{2}\right)B = \frac{1\,230 \times 0.33}{4} \times \left(0.8 - \frac{0.33}{2}\right) \times 0.48 = 30.93(\text{kN} \cdot \text{m})$$

支点最大剪力：

$$V = qc\left(1 - \frac{c}{2l_0}\right)B = 1\,230 \times 0.33 \times \left(1 - \frac{0.33}{2 \times 0.6}\right) \times 0.48 = 141.3(\text{kN})$$

跨中设计弯矩：

$$M = 1.2 \times 0.198 + 1.4 \times 30.93 = 43.54(\text{kN} \cdot \text{m})$$

支点设计剪力：

$$V = 1.2 \times 0.74 + 1.4 \times 141.3 = 198.7(\text{kN})$$

4. 强度计算

(1) 正截面强度计算

盖板两端厚20cm，中部厚22cm，钢筋取 $\phi16$，取两端钢筋净保护层为3.2cm，中部钢筋净保护层为5.2cm，则 $h_0 = 220 - 60 = 160(\text{mm})$。

$$\alpha_s = \frac{M}{f_c b h_0^2} = \frac{43.54 \times 10^6}{14.3 \times 450 \times 160^2} = 0.264$$

$$\xi = 1 - \sqrt{1 - 2\alpha_s} = 1 - \sqrt{1 - 2 \times 0.264} = 0.313$$

$$\rho = \xi f_c / f_y = 0.313 \times 14.3/300 = 1.49\%$$

$$A_s = \rho b h_0 = 0.014\,9 \times 450 \times 160 = 1\,076(\text{mm}^2)$$

每块板取 $6\phi16$，$A = 1\,206(\text{mm}^2)$。

验算 $\xi \leqslant \xi_b = 0.550$

$$\rho_{\min} = 45 f_t / f_y = 45 \times 1.43/300 = 0.215\%$$

$$A_s \geqslant \rho_{\min} b h = 0.002\,15 \times 450 \times 220 = 213(\text{mm}^2)$$

说明配筋率合适。

(2) 斜截面强度计算

$$0.7 f_t b h_0 = 0.7 \times 1.43 \times 450 \times 160 = 72\,072(\text{N})$$

$$0.25 f_c b h_0 = 0.25 \times 14.3 \times 450 \times 160 = 257\,400(\text{N})$$

$V = 198\,700\text{N} < 0.25 f_c b h_0$，说明尺寸合适。

$V > 0.7 f_t b h_0$，说明需要配箍筋。箍筋用 HPB300（Ⅰ级）钢筋，则：

$$\frac{n A_{sv1}}{s} = \frac{V - 0.7 f_t b h_0}{f_{yv} h_0} = \frac{198\,700 - 72\,072}{270 \times 160} = 2.93$$

选用4肢 $\phi10$ 箍筋，则：

$$s = \frac{n A_{sv1}}{2.93} = \frac{4 \times 78.5}{2.93} = 107.2(\text{mm})$$

取 $s = 100$mm，共10对箍筋。另需4根 $\phi8$ 的架立筋，具体构造如图5-15所示。

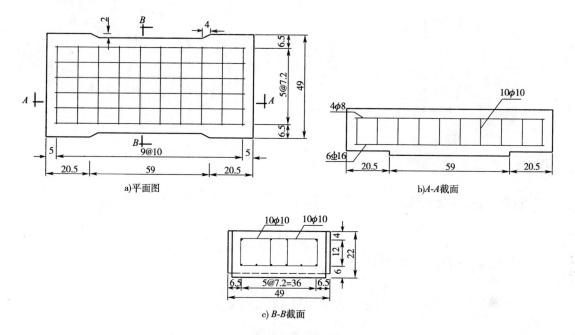

图 5-15　盖板配筋图(尺寸单位:cm)

第四节　沟槽的横向内力计算

沟槽是盖板明沟的主要组成部分,它除了输水作用外,还起着挡土墙的作用。沟壁受到填土的侧压力作用,以及可变荷载产生的侧向土压力作用。沟槽的内力除了与这些压力的大小有关外,还与沟槽和盖板的连接方式有关。下面按盖板为活动式和部分固定式两种情况分别讨论。

一、全部采用活动式盖板

当盖板沟全部采用活动式盖板时,沟壁与盖板没有连接,沟壁相当于悬臂式的挡土墙,可按悬臂梁计算沟槽内力,如图 5-16 所示。结构的内力如图 5-17 所示。

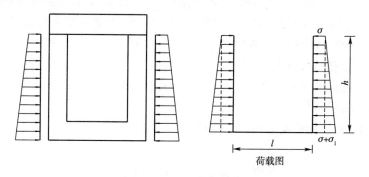

图 5-16　沟槽结构计算简图

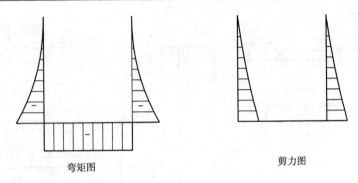

图 5-17 结构内力图

此时沟壁下缘受力最大。当均布荷载作用时,单位长度上沟壁的最大弯矩为:

$$M_A = \frac{1}{2}\sigma h^2 \tag{5-7}$$

单位长度上沟壁的最大剪力为:

$$V_A = \sigma h \tag{5-8}$$

三角形荷载作用时,单位长度上沟壁的最大弯矩为:

$$M_A = \frac{1}{6}\sigma_1 h^2 \tag{5-9}$$

单位长度上沟壁的最大剪力为:

$$V_A = \frac{1}{2}\sigma_1 h \tag{5-10}$$

式中:σ——均布应力值;
σ_1——三角形应力的最大值;
h——沟壁的计算高度。

底板受均匀弯矩,其值为沟壁的最大值。

二、有部分固定式盖板

悬壁式沟槽的内力较大。为了有效支撑侧向压力,防止沟壁破坏,有时将部分盖板与沟壁浇筑在一起,形成固定盖板。一般每隔 1~2m 设一块固定盖板,其余仍采用活动盖板,以便维护。固定盖板与沟槽形成框架式结构,但由于盖板与沟槽固定连接的间断性,一般将这种结构按盖板与沟槽铰接考虑。沟壁与沟底是刚性连接。因此,沟壁可按一端铰接,一端刚接考虑。当沟槽顶部设有耳墙,且盖板在安装时采取坐浆等措施固定盖板时,也可按一端铰接,一端刚接考虑。此结构为超静定结构,它的内力不仅与荷载有关,还与结构自身的刚度有关,计算比较复杂。为了简化设计工作,本节针对几种荷载情况给出了任意刚度的沟槽内力计算公式。

1. 三角形侧向荷载

填土产生的三角形侧向荷载作用下,内力如图 5-18 所示。
支撑力:

$$X = \frac{1}{5}\sigma_1 h\left(\frac{1}{2} + \frac{1}{K_0}\right) \tag{5-11}$$

$$K_0 = \frac{hI_3}{l}\left(\frac{1}{I_1} + \frac{1}{I_2}\right) + 3 \tag{5-12}$$

式中：I_1、I_2、I_3——分别为两侧沟壁及底板的惯性矩。

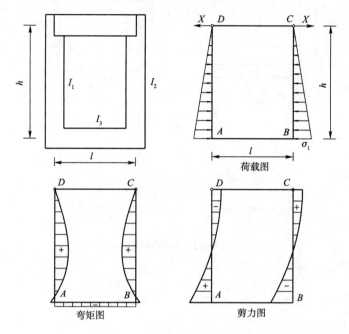

图 5-18　三角形荷载作用时的内力

底板角点的弯矩：

$$M_A = M_B = Xh - \frac{1}{6}\sigma_1 h^2 \tag{5-13}$$

沟壁上的剪力：

$$V_C = V_D = X \tag{5-14}$$

$$V_A = V_B = X - \frac{1}{2}\sigma_1 h \tag{5-15}$$

2. 均匀侧向荷载

可变荷载产生的均匀侧向荷载作用下，内力如图 5-19 所示。

支承力：

$$X = \frac{3}{8}\sigma h\left(1 + \frac{1}{K_0}\right) \tag{5-16}$$

其中 K_0 同式(5-11)。

底板角点的弯矩：

$$M_A = M_B = \frac{1}{2}\sigma h^2 - Xh \tag{5-17}$$

沟壁最大正弯矩的位置（离沟顶的距离）：

$$x = \frac{X}{\sigma} \tag{5-18}$$

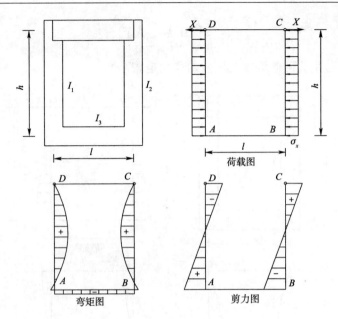

图 5-19 均布荷载作用时的内力

最大弯矩值为：

$$M_{\max} = Xx - \frac{1}{2}\sigma x^2 = \frac{X^2}{2\sigma} \tag{5-19}$$

沟壁上的剪力：

$$V_C = V_D = X \tag{5-20}$$

$$V_A = V_B = X - \sigma h \tag{5-21}$$

3. 盖板上直接作用可变荷载

当盖板明沟设有部分固定盖板时，如果可变荷载直接作用在盖板上，将在沟槽内产生内力。为简化计算，一般把作用在盖板上的压力与沟槽底板上的反力都看作是全跨度的均匀荷载，其值为 $q = Q/l$，其中 Q 是轮载。该种情况下的结构受力图、内力图如图 5-20 所示。

计算公式如下：

支承力：

$$X = \frac{ql^2}{4hK_0} \tag{5-22}$$

K_0 与前面相同。

底板角点弯矩：

$$M_A = M_B = -Xh \tag{5-23}$$

底板中点弯矩：

$$M_F = \frac{ql^2}{8} - \frac{ql^2}{4K_0} \tag{5-24}$$

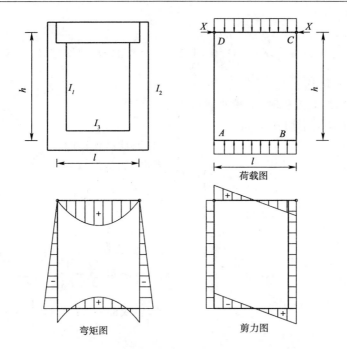

图 5-20　结构受力、内力图

底板最大剪力：

$$V_A = V_B = \frac{1}{2}ql \tag{5-25}$$

当沟槽不只受一种荷载作用时，应进行荷载组合。当飞机的一个起落架上有多个机轮时，机轮有可能同时作用在盖板沟侧面及盖板顶部，应根据轮距、盖板沟宽度等实际情况确定同时作用的可能性，找出最不利的荷载组合。

【例 5-3】 根据[例 5-1]计算所得的沟壁侧压力结果计算：①全部采用活动式盖板时，沟槽的横向内力；②部分采用固定式盖板时，沟槽的横向内力；③沟槽横向配筋计算。

解：1. 全部采用活动式盖板时，沟槽的横向内力

荷载组合：飞机荷载作用在侧壁上的均匀压力为 $\sigma_x = 12.2 \mathrm{kN/m^2}$，沟壁顶部的填土压力 $q_{x1} = 1.2 \mathrm{kN/m^2}$，沟壁下部的填土压力 $q_{x2} = 7.8 \mathrm{kN/m^2}$。飞机荷载与填土压力同时作用，则沟壁顶部：

$$q_1 = 1.4 \times 12.2 + 1.27 \times 1.2 = 18.60 (\mathrm{kN/m^2})$$

沟壁底部：

$$q_2 = 1.4 \times 12.2 + 1.27 \times 7.8 = 26.99 (\mathrm{kN/m^2})$$

将梯形荷载分为均匀荷载和三角形荷载两部分：

均匀荷载：　　　　　　　　$\sigma = 18.60 \mathrm{kN/m^2}$

三角形荷载：　　　　　　　$\sigma_1 = 8.39 \mathrm{kN/m^2}$

角点弯矩：

$$M_A = \frac{1}{2}\sigma h^2 + \frac{1}{6}\sigma_1 h^2 = \frac{18.6}{2} \times 1.1^2 + \frac{8.39}{6} \times 1.1^2 = 12.94 (\mathrm{kN \cdot m})$$

角点剪力：
$$V_A = \sigma h + \frac{1}{2}\sigma_1 h = 18.6 \times 1.1 + \frac{1}{2} \times 8.39 \times 1.1 = 25.07 (\text{kN})$$

内力图如图 5-21 所示。

2. 部分采用固定式盖板时，沟槽的横向内力

(1) 可变荷载作用于沟侧时

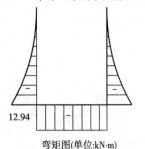

图 5-21 内力图

三角形荷载作用时：

根据已知条件，$I_1 = I_2 = I_3$，则：

$$K_0 = \frac{hI_3}{l}\left(\frac{1}{I_1} + \frac{1}{I_2}\right) + 3 = 2\frac{h}{l} + 3$$

$$= 2 \times \frac{1.1}{0.8} + 3 = 5.75$$

$$X_1 = \frac{1}{5}\sigma_1 h\left(\frac{1}{2} + \frac{1}{K_0}\right)$$

$$= \frac{1}{5} \times 8.39 \times 1.1 \times \left(\frac{1}{2} + \frac{1}{5.75}\right) = 1.24(\text{kN})$$

角点弯矩：
$$M_A = M_B = X_1 h - \frac{1}{6}\sigma_1 h^2 = 1.24 \times 1.1 - \frac{1}{6} \times 8.39 \times 1.1^2 = -0.328(\text{kN} \cdot \text{m})$$

顶点剪力：
$$V_C = V_D = X_1 = 1.24(\text{kN})$$

角点剪力：
$$V_A = V_B = X_1 - \frac{1}{2}\sigma_1 h = 1.24 - \frac{1}{2} \times 8.39 \times 1.1 = -3.37(\text{kN})$$

均匀荷载作用时：
$$K_0 = 5.75$$

支承反力：
$$X_2 = \frac{3}{8}\sigma h\left(1 + \frac{1}{K_0}\right) = \frac{3}{8} \times 18.6 \times 1.1 \times \left(1 + \frac{1}{5.75}\right) = 9.01(\text{kN})$$

角点弯矩：
$$M_A = M_B = X_2 h - \frac{1}{2}\sigma h^2 = 9.01 \times 1.1 - \frac{1}{2} \times 18.6 \times 1.1^2 = -1.342(\text{kN} \cdot \text{m})$$

顶点剪力：
$$V_C = V_D = X_2 = 9.01(\text{kN})$$

角点剪力：
$$V_A = V_B = X_2 - \sigma h = 9.01 - 18.6 \times 1.1 = -11.45(\text{kN})$$

两种荷载组合后：

支承反力：
$$X = X_1 + X_2 = 1.24 + 9.01 = 10.25(\text{kN})$$

角点弯矩：

$$M_A = M_B = -0.328 - 1.342 = -1.67(\text{kN} \cdot \text{m})$$

沟壁最大正弯矩的位置：

$$x = \frac{h\left(\sqrt{\sigma^2 + 2X\dfrac{\sigma_1}{h}} - \sigma\right)}{\sigma_1}$$

$$= \frac{1.1 \times \left(\sqrt{18.6^2 + 2 \times 10.25 \times \dfrac{8.39}{1.1}} - 18.6\right)}{8.39} = 0.502(\text{m})$$

弯矩值：

$$M_{\max} = Xx - \frac{\sigma}{2}x^2 - \frac{\sigma_1 x^3}{6h}$$

$$= 10.25 \times 0.502 - \frac{18.6}{2} \times 0.502^2 - \frac{8.39 \times 0.502^3}{6 \times 1.1} = 2.64(\text{kN} \cdot \text{m})$$

顶点剪力：

$$V_C = V_D = X = 10.25(\text{kN})$$

角点剪力：

$$V_A = V_B = 3.37 + 11.45 = 14.82(\text{kN})$$

内力见图 5-22。

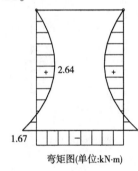

图 5-22 内力图

(2) 可变荷载作用于盖板顶部

$$q = \frac{P}{l} = \frac{1.4 \times 150}{0.8} = 262.5(\text{kN} \cdot \text{m})$$

支承力：

$$X = \frac{ql^2}{4hK_0} = \frac{262.5 \times 0.8^2}{4 \times 1.1 \times 5.75} = 6.64(\text{kN})$$

底板角点弯矩：

$$M_A = M_B = -Xh = -6.64 \times 1.1 = -7.30(\text{kN} \cdot \text{m})$$

底板中点弯矩：

$$M_F = \frac{ql^2}{8} - \frac{ql^2}{4K_0} = \frac{262.5 \times 0.8^2}{8} - \frac{262.5 \times 0.8^2}{4 \times 5.75} = 13.70(\text{kN} \cdot \text{m})$$

底板最大剪力：

$$V_A = V_B = \frac{1}{2}ql = \frac{1}{2} \times 262.5 \times 0.8 = 105(\text{kN})$$

填土压力作用时，有：
顶部：

$$q_1 = 1.27 \times 1.2 = 1.52(\text{kN/m}^2)$$

底部：

$$q_2 = 1.27 \times 7.8 = 9.91(\text{kN/m}^2)$$

均匀荷载： $\sigma = 1.52\text{kN/m}^2$
三角形荷载： $\sigma_1 = 8.39\text{kN/m}^2$

这两种荷载作用的计算方法与前面相同，最终角点弯矩为：

$$M_A = M_B = -0.44\text{kN}\cdot\text{m}$$

两种荷载组合后：

$$M_A = M_B = -7.30 - 0.44 = -7.74(\text{kN}\cdot\text{m})$$
$$M_F = 13.70 - 0.44 = 13.26(\text{kN}\cdot\text{m})$$

内力图见图 5-23。

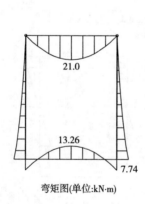
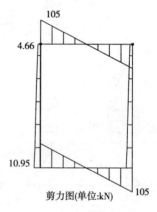

图 5-23　内力图

3. 沟槽横向配筋计算

根据前面的沟槽横向内力计算，进行配筋。

（1）全部采用活动盖板时

侧墙单位长度内最大弯矩为 12.94kN·m，最大剪力为 25.07kN。底板最大弯矩为 12.94kN·m。

侧墙和底板厚度为 20cm，采用 C25 混凝土，$f_c = 11.9\text{MPa}$，$f_t = 1.27\text{MPa}$；横向钢筋采用 HPB300 级，$f_y = 270\text{MPa}$，取 $a = a_s' = 35\text{mm}$，$h_0 = 165\text{mm}$。由于侧墙和底板存在正负弯矩，采用双向钢筋。假设内外侧每延米钢筋都为 $4\phi 12$，$A = 452\text{mm}^2$，则验算：

$$M < f_y A_s (h_0 - a_s') = 270 \times 452 \times (165 - 35) \times 10^{-6} = 15.94(\text{kN}\cdot\text{m})$$

最大弯矩为 12.94kN·m，满足要求。

验算最小配筋：

$$\rho_{\min} = 45 f_t / f_y = 45 \times 1.27/270 = 0.212\%$$

$$A_s \geq \rho_{min} bh = 0.00212 \times 1000 \times 200 = 414(\text{mm}^2)$$

满足要求,即每延米取 $4\phi12$,间距为 25cm, $A = 452\text{mm}^2$。

斜截面强度计算:

$$0.7f_t bh_0 = 0.7 \times 1.27 \times 1000 \times 165 = 146685(\text{N})$$

$V = 25070\text{N} < 0.7 f_t bh_0$,说明不需要配箍筋或斜筋。

(2) 部分采用固定盖板时

当荷载作用在沟侧时,侧墙内侧每延米最大弯矩 2.64kN·m,当荷载作用在沟顶时,侧墙和底板外侧每延米最大弯矩 7.74kN·m,底板内侧最大弯矩 13.26kN·m,底板最大剪力 105kN。

同样,取侧墙和底板厚度 20cm,混凝土采用 C25;横向钢筋用 HPB300,取 $a = 35\text{mm}$, $h_0 = 165\text{mm}$。同样,假设内外侧每延米钢筋都为 $4\phi12$, $A = 452\text{mm}^2$,则:

$$M < f_y A_s (h_0 - a'_s) = 270 \times 452 \times (165 - 35) \times 10^{-6} = 15.94(\text{kN} \cdot \text{m})$$

最大弯矩 13.26kN·m,也满足要求。

即每延米选 $4\phi12$,间距 25cm。

底板剪力验算:

$$0.7f_t bh_0 = 0.7 \times 1.27 \times 1000 \times 165 = 146685(\text{N})$$

$V = 105000\text{N} < 0.7 f_t bh_0$,说明不需要配箍筋或斜筋。

第五节 盖板明沟的纵向内力计算

盖板明沟的沟槽是修建在土基上的结构物,受到飞机或车辆荷载作用时,除要进行横向内力计算外,有时还要进行纵向内力计算。在进行纵向内力计算时,一般都把沟槽简化为弹性地基上的倒置 T 形梁,然后按空间问题半无限体上的弹性地基梁来考虑。在这里主要介绍葛尔布诺夫 - 伯沙道夫关于空间问题半无限体上弹性地基梁的表解法。

一、弹性地基梁理论

1. 半无限体假定下的基本积分方程式

假定地基为均质、连续、弹性的半无限体,并把基础底面所在的水平面看作是这个半无限体的边界面。当基础上受到任意的荷载 q 时,梁下地基就会产生连续的分布反力。令这个反力的线强度为 p,如图 5-24 所示。

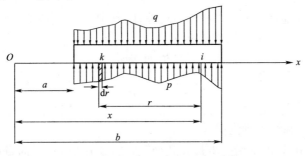

图 5-24 基础上的荷载和地基反力

如果以边界面任一点为坐标原点,x 轴与边界相合,则距坐标原点为 x 的梁下某一点 i 的沉陷量相当于图 5-25 所示荷载作用下地面 i 点的沉陷量。设在 i 点左侧 k 点处单位力引起的 i 点沉陷为 δ,δ 是 i、k 两点间距离 r 的函数,记为 $\delta(r)$。则 k 处单元力 $p(x-r)\mathrm{d}r$ 所引起的 i 点沉陷为 $p(x-r)\delta(r)\mathrm{d}r$。同理当 k 点位于 i 点右侧时,k 点处单元力 $p(x+r)\mathrm{d}r$ 所引起的 i 点沉陷为 $p(x+r)\delta(r)\mathrm{d}r$。因此梁下全部压力所引起的地面 i 点处的沉陷为:

$$w_i = \int_0^{x-a_1} p(x-r)\delta(r)\mathrm{d}r + \int_0^{a_2-x} p(x+r)\delta(r)\mathrm{d}r \tag{5-26}$$

因梁与地基完全接触,所以地基梁在断面 i 处的竖向变位 $y_i = w_i$。又知梁的挠曲线方程式为:

$$\frac{\mathrm{d}^4 y}{\mathrm{d}x^4} = \frac{q(x) - p(x)}{EI} \tag{5-27}$$

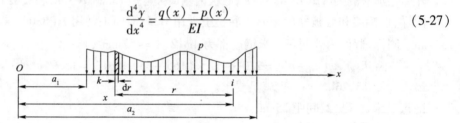

图 5-25 地基上的荷载

故将式(5-26)代入式(5-27)可得积分方程为:

$$\frac{\mathrm{d}^4}{\mathrm{d}x^4}\left[\int_0^{x-a_1} p(x-r)\delta(r)\mathrm{d}r + \int_0^{a_2-x} p(x+r)\delta(r)\mathrm{d}r\right] = \frac{q(x) - p(x)}{EI} \tag{5-28}$$

式中:E、I——地基梁的弹性模量和断面惯性矩。

这就是均质等截面梁的基本积分方程式,从这个方程求得 $p(x)$ 后,即可算出梁的各截面的弯矩和剪力。但是从式(5-28)求解 $p(x)$ 将极为困难,通常都假定 $p(x)$ 为 x 的级数,然后根据连续条件来确定这个级数。一般来说,级数项数越多,其结果越准确。即使如此,在数学演算上仍然十分繁琐。所以,在实用中一般按照预先制成的表格查表计算。

2. 弹性地基梁的分类

一般来说,无论是理论分析还是实际计算过程中都将地基梁分为刚性梁、短梁和长梁三种类型。因三种类型梁的特点不同,所以计算方法也不尽相同。

(1)刚性梁

刚性梁是通过柔性指数来鉴别的,设:

$$t = \frac{\pi E_0 a^3 b}{2(1-\mu_0^2)EI} \tag{5-29}$$

式中:E_0、μ_0——分别为地基土的变形模量及泊松比,其中 μ_0 值可按表 5-3 选取;

a、b——分别为基础长度和宽度之半。

土的泊松比 μ_0 表 5-3

土的种类	砂土	硬黏土	亚黏(砂)土	塑性黏土
μ_0	0.25~0.30	0.20~0.30	0.32~0.37	0.38~0.45

①当 $t \leq 0.5$ 时,地基梁为刚性梁。

②当 $0.5 < t \leq 1.0$,且地基梁的半长 a 和半宽 b 的比值 $a/b < 20$ 时,地基梁为刚性梁。

(2)长梁

检查地基梁是否为长梁,按下面步骤进行。
①先计算梁的弹性特征 L:

$$L = \sqrt[3]{\frac{EI(1-\mu_0^2)}{bE_0}} \tag{5-30}$$

②计算梁的半长与半宽的折算距离 λ^0 和 β:

$$\lambda^0 = \frac{a}{L} \tag{5-31}$$

$$\beta = \frac{b}{L} \tag{5-32}$$

③符合表 5-4 所列条件的为长梁。

长梁的条件　　　　　　　　　　　　　　　　表 5-4

$0.01 < \beta < 0.15$	$\lambda^0 > 1.0$
$0.15 \leqslant \beta \leqslant 0.30$	$\lambda^0 > 2.0$
$0.30 < \beta \leqslant 0.70$	$\lambda^0 > 3.5$

(3)短梁

凡是不能列入刚性梁和长梁类型内的梁均属于短梁的范畴。

普通盖板沟在考虑其纵向工作时,很少属于刚性梁范畴,大都为长梁。因此本书中弹性地基梁的计算也只限于长梁的情形。

3. 长梁的计算方法与步骤

应用查表法计算长梁内力时要求满足下列三个条件:
①地基梁与地基的接触面为矩形平面。
②地基梁为等刚度,且横向为绝对刚性。
③地基在很大深度内(大于地基梁宽的 3 倍)是均质的。

查表计算的具体步骤如下:

(1)按照无因次量 β 值确定所用的图表(表 5-5)

附表选用表　　　　　　　　　　　　　　　　表 5-5

β 值	选用表	β 值	选用表
$0.01 < \beta \leqslant 0.04$	附表 B-1 ~ 附表 B-4 ($\beta = 0.025$)	$0.20 < \beta \leqslant 0.40$	附表 B-13 ~ 附表 B-16 ($\beta = 0.30$)
$0.04 < \beta \leqslant 0.10$	附表 B-5 ~ 附表 B-8 ($\beta = 0.075$)	$0.40 < \beta \leqslant 0.70$	附表 B-17 ~ 附表 B-20 ($\beta = 0.50$)
$0.10 < \beta \leqslant 0.20$	附表 B-9 ~ 附表 B-12 ($\beta = 0.15$)		

(2)求每个集中荷载到梁左端的折算距离(图 5-26)

$$\alpha_{li} = \frac{d_{li}}{L} \tag{5-33}$$

$$\alpha_{ri} = \frac{d_{ri}}{L} \tag{5-34}$$

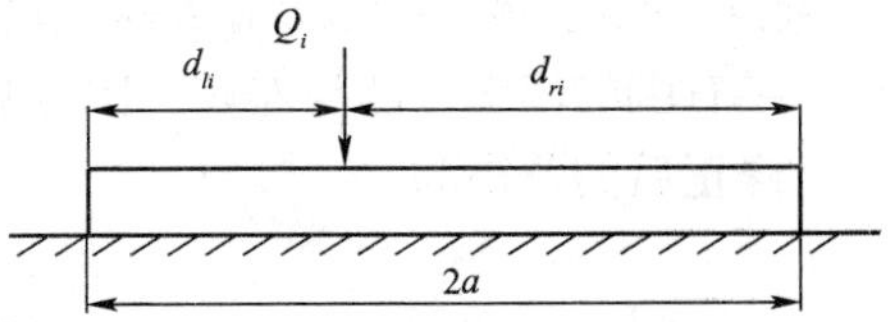

图 5-26　集中力的作用位置

式中:d_{li}、d_{ri}——任一集中荷载 Q_i 作用点到梁左端及右端的真实距离。

(3) 无限长梁及半无限长梁的划分标准(表5-6)

无限长梁与半无限长梁的划分　　　　表5-6

β 值	半无限长梁	无限长梁
$\beta \leq 0.2$	α_{li}(或 α_{ri}) ≤ 1.0	α_{li} 及 $\alpha_{ri} > 1.0$
$\beta > 0.2$	α_{li}(或 α_{ri}) ≤ 2.0	α_{li} 及 $\alpha_{ri} > 2.0$

(4) 求各断面距离左(或右)端的折算距离

① 如荷载 Q 在无限长梁范围内,用断面距离集中荷载的折算距离 ξ_i 查表计算:

$$\xi_i = \xi_l - \alpha_{li} \tag{5-35}$$

式中: ξ_l—— $\xi_l = x/L$；

x——梁左端到计算断面的真实距离。

查表时由 ξ_i 值按 $\alpha = \infty$ 查表。

② 如荷载 Q 在半无限长梁范围,并且邻近左端时,用 ξ_l 查表计算。当 Q 邻近右端时,用 ξ_r 查表:

$$\xi_r = \xi_l - 2\lambda^0 = -\frac{2a-x}{L} \tag{5-36}$$

可以看出,此时 ξ_r 为一负值。

(5) 计算公式

当查得各无因次系数 $\overline{P}$、$\overline{V}$、$\overline{M}$、$\overline{Y}$ 后,用下列公式将其换算为真实值:

$$P = \overline{P}\frac{Q}{L}$$

$$V = \overline{V}Q$$

$$M = \overline{M}QL$$

$$Y = \overline{Y}\frac{1-\mu_0^2}{E_0}\frac{Q}{L}$$

(6) 梁端邻近断面处 M 值的修正

根据弹性地基梁的特点可知,梁两端的弯矩值应等于零。当计算中出现非零值时按表5-7中的公式进行修正。

两端弯矩的修正　　　　表5-7

$0.01 \leq \beta < 0.15$ 且 $\xi_l \leq 1.2$	$\Delta M_l = -M_{l0}(1-0.8\xi_l)$
$0.15 \leq \beta \leq 0.50$ 且 $\xi_l \leq 1.6$	$\Delta M_l = -M_{l0}(1-0.6\xi_l)$
$\beta > 0.50$ 且 $\xi_l \leq 2.0$	$\Delta M_l = -M_{l0}(1-0.5\xi_l)$

注:表中 M_{l0} 为未修正前的梁左端($\xi_l = 0$)的弯矩。当 ξ_l 大于表中规定值时,认为 $\Delta M_l = 0$。

梁右端的修正方法与左端相同,但须以 M_r 代替 M_l,以 $|\xi_r|$ 代替 ξ_l。

修正后的弯矩为:

$$M = M_0 + \Delta M_l + \Delta M_r$$

在查附录 B 附表计算时,要注意以下几个问题:

① 当参数 ξ 为正时,$\overline{P}$、$\overline{V}$、$\overline{M}$、$\overline{Y}$ 各系数直接采用表中值,符号亦按表中选取。当参数 ξ 为负时,系数 $\overline{V}$ 按表中的相反符号选取,其余各系数仍选用表中值。

②$\xi = \alpha$ 时的 $\overline{V}$ 值,表中标记 * 者,此值表示荷载左方的数值,而右方的数值为 $\overline{V}^* - 1$。
③当参数 β、ξ 值超过范围时,$\overline{P}$、$\overline{V}$、$\overline{M}$、$\overline{Y}$ 各系数值均可按零处理。
④当弹性地基梁作用有多个集中荷载时,应将各个单一集中荷载的作用结果叠加。
⑤除选取荷载作用点处为计算断面外,还应补充其他一些断面,以便绘制内力图。
⑥在同一弹性地基梁上,荷载作用位置不同时,某部分可能属于无限长梁,另一部分可能属于半无限长梁。为了明确起见,可用图 5-27 来判断。

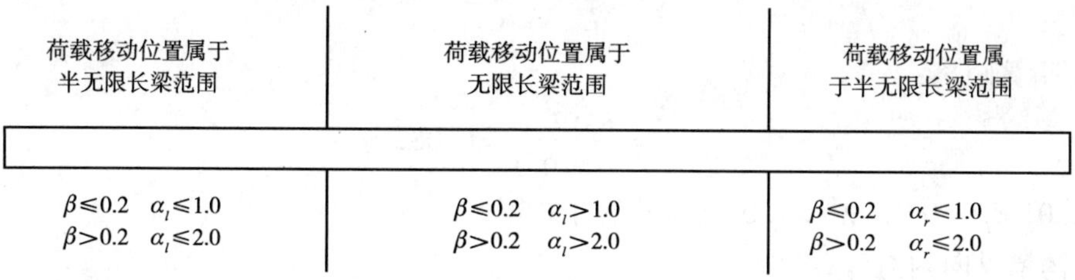

荷载移动位置属于 半无限长梁范围	荷载移动位置属于 无限长梁范围	荷载移动位置属 于半无限长梁范围
$\beta \leq 0.2$ $\alpha_l \leq 1.0$ $\beta > 0.2$ $\alpha_l \leq 2.0$	$\beta \leq 0.2$ $\alpha_l > 1.0$ $\beta > 0.2$ $\alpha_l > 2.0$	$\beta \leq 0.2$ $\alpha_r \leq 1.0$ $\beta > 0.2$ $\alpha_r \leq 2.0$

图 5-27 无限长梁与半无限长梁的判断

二、盖板明沟纵向内力计算方法

在进行纵向内力计算时,轮载是直接作用在沟槽顶端的,作用面积较小,所以单个轮载一般都简化为集中荷载来考虑。对于多个轮载的情况,要将各单轮荷载作用的结果进行叠加。

沟槽内力计算不仅与沟槽的纵向长度有关,而且与各沟槽的连接方式有关,下面按沟槽接头处有传力杆和无传力杆两种情况分别讨论。

1. 沟槽接头处无传力杆情况

通过例题来说明沟槽接头处无传力杆情况的纵向内力计算。

【例 5-4】 沟槽的设计资料同[例 5-1]。试求:①机轮作用在盖板沟中央时沟槽的纵向内力;②机轮作用在盖板沟端部时沟槽的纵向内力;③进行纵向配筋计算。

解:(1)基本数据的计算
①沟槽的惯性矩 I

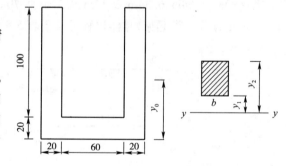

图 5-28 惯性矩计算示意图

先求中性轴位置,见图 5-28。对沟槽底边取静矩有:

$$y_0 = \frac{2 \times 1.0 \times 0.2 \times 0.7 + 0.2 \times 1.0 \times 0.1}{2 \times 1.0 \times 0.2 + 0.2 \times 1.0} = 0.50(\text{m})$$

$$I = \sum b \frac{y_2^3 - y_1^3}{3} = 2 \times 0.2 \times \frac{0.7^3 + 0.5^3}{3} + 0.6 \times \frac{0.5^3 - 0.3^3}{3} = 0.082(\text{m}^4)$$

②柔性指数 t

根据混凝土等级,盖板明沟的弹性模量为 28 000MPa,所以有:

$$t = \frac{\pi E_0 a^3 b}{2(1 - \mu_0^2) EI} = \frac{3.14 \times 17 \times 10^3 \times 0.5}{2 \times (1 - 0.4^2) \times 28\,000 \times 0.082} = 6.92$$

$t > 1$,为非刚性梁。

③长梁的鉴别

特征长度：

$$L = \sqrt[3]{\frac{EI(1-\mu_0^2)}{E_0 b}} = \sqrt[3]{\frac{28\,000 \times 0.082 \times (1-0.4^2)}{17 \times 0.5}} = 6.1(\text{m})$$

半长折算距离：

$$\lambda^0 = \frac{a}{L} = \frac{10}{6.1} = 1.64$$

半宽折算距离：

$$\beta = \frac{b}{L} = \frac{0.5}{6.1} = 0.082$$

因 $0.01 < \beta < 0.15, \lambda^0 > 1.0$，故沟槽属于长梁。

(2) 沟槽纵向内力计算

①轮载位于盖板沟中央时沟槽的内力计算

$$\beta = \frac{b}{L} = 0.082$$

$$\alpha_l = \alpha_r = \frac{10}{6.1} = 1.64 > 1$$

所以属于无限长梁，并按 $\beta = 0.075, \alpha = \infty$ 查表，分别查附表 B-5～附表 B-8 中最右一列。考虑到结构的对称性，只需计算沟槽的左半边内力，计算断面选取如下：

$x = 0\text{m}、2.68\text{m}、6.34\text{m}、8.17\text{m}、9.37\text{m}、9.70\text{m}、10.0\text{m}$

为了计算清晰起见，具体过程汇总于表 5-8 中，最后结果绘于图 5-29 中，其中 $Q = 150\text{kN}$。

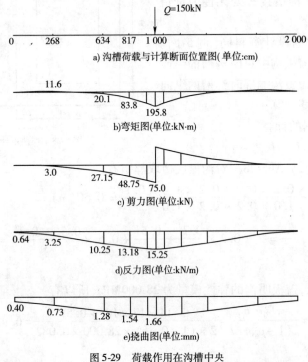

图 5-29　荷载作用在沟槽中央

纵向内力计算表(荷载作用于沟槽中央)   表 5-8

计算断面坐标 x (m)	0	2.68	6.34	8.17	9.37	9.70	10.0
计算断面到沟左端的折算距离 $\xi_l = \dfrac{x}{L}$	0	0.44	1.04	1.34	1.54	1.59	1.64
计算断面到集中荷载的距离 $\xi = \xi_l - \alpha_l$	−1.64	−1.2	−0.6	−0.3	−0.1	−0.05	0
集中荷载在计算断面所引起的弯矩系数 $\overline{M}$	−0.036	−0.036	0.016	0.091	0.167	0.191	0.214
弯矩值 $M_0 = \overline{M}QL$ (kN·m)	−32.9	−32.9	14.6	83.3	152.8	174.7	195.8
弯矩修正值 $\Delta M_l + \Delta M_r$ (kN·m)	32.9	21.3	5.5	0	0	0	0
实际弯矩值 $M = M_0 + \Delta M_l + \Delta M_r$ (kN·m)	0	−11.6	20.1	83.3	152.8	174.7	195.8
集中荷载在计算断面所引起的剪力系数 $\overline{V}$	0	0.02	0.181	0.325	0.439	0.469	+0.500 −0.500
实际剪力 $V = Q\overline{V}$ (kN)	0	27.15	48.75	29.25	65.85	70.35	±75.0
集中荷载在计算断面所引起的反力系数 $\overline{P}$	0.026	0.132	0.417	0.536	0.605	0.613	0.620
实际反力 $P = \dfrac{Q}{L}\overline{P}$ (kN/m)	0.64	3.25	10.25	13.18	14.88	15.07	15.25
集中荷载在计算断面所引起的沉陷值 $\overline{Y}$ (mm)	0.33	0.60	1.05	1.27	1.35	1.36	1.37
实际沉陷值 $Y = \dfrac{1-\mu_0^2}{E_0}\dfrac{Q}{L}\overline{Y}$ (mm)	0.40	0.73	1.28	1.54	1.64	1.65	1.66

② 轮载位于沟槽端部时的内力计算

考虑到轮印面积的大小,轮载中心应距沟槽端点 0.24m。

$$\alpha_l = \frac{0.24}{6.1} = 0.039 < 1$$

因此内力应按半无限长梁计算,选取计算断面使其距沟槽左端的折算距离为:

$$\xi_l = 0,0.039,0.1,0.2,0.4,0.6,1.0,2.0,3.0$$

分别查附表 B-5~附表 B-8。由于 $\alpha = 0.039$,需要用 $\alpha = 0$ 和 $\alpha = 0.1$ 两列的数值内插。计算过程见表 5-9,最后结果绘于图 5-30 中。

纵向内力计算表(荷载作用于沟槽端部)   表 5-9

计算断面坐标 x (m)	0	0.24	0.61	1.22	2.44	3.66	6.10	12.20	18.30
计算断面到沟左端的折算距离 $\xi_l = \dfrac{x}{L}$	0	0.039	0.1	0.2	0.4	0.6	1.0	2.0	3.0
弯矩系数 $\overline{M}$	0	0.004	−0.049	−0.114	−0.196	−0.222	−0.203	−0.057	−0.001
实际弯矩值 $M_0 = \overline{M}QL$ (kN·m)	0	3.66	−44.63	−104.1	−179.3	−203.4	−185.4	−51.8	−0.7
剪力系数 $\overline{V}$	0	0.089 −0.911	−0.755	−0.554	−0.255	−0.061	0.127	0.108	0.015
实际剪力 $V = Q\overline{V}$ (kN)	0	13.35 −136.6	−113.2	−83.1	−38.3	−9.10	19.06	16.19	2.18
反力系数值 $\overline{P}$	2.676	2.513	2.205	1.814	1.206	0.768	0.229	−0.119	−0.056

续上表

实际反力值 $P = \dfrac{Q}{L}\bar{P}$ (kN/m)	65.79	61.80	54.22	44.60	29.66	18.89	5.64	-2.92	-1.39
沉陷值 $\bar{Y}$(mm)	4.13	3.99	3.70	3.29	2.52	1.84	0.88	-0.02	-0.02
实际沉陷值 $Y = \dfrac{1-\mu_0^2}{E_0}\dfrac{Q}{L}\bar{Y}$(mm)	5.01	4.85	4.50	3.99	3.06	2.24	1.07	-0.02	-0.02

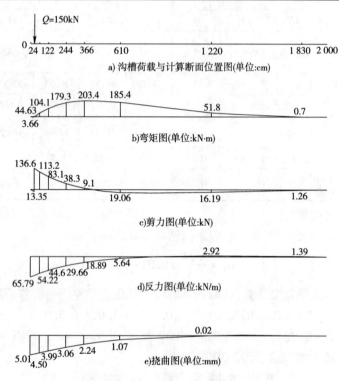

图 5-30 荷载作用在沟槽端部

(3) 纵向配筋计算

盖板沟沟槽的配筋计算可类似于 T 形梁。当荷载作用在沟槽中部时,沟槽底部受拉,最大弯矩为 195.8kN·m,最大剪力为 75kN。当荷载作用在端部时,沟槽顶部受拉,最大弯矩为 203.4kN·m,最大剪力为 136.6kN。在设计中,还要考虑动荷载系数和荷载分项系数,分别为 1.3 和 1.4。因此当荷载作用在沟槽中部时,设计弯矩为 356.4kN·m,设计剪力为 136.5kN;当荷载作用在端部时,设计弯矩为 370.2kN·m,设计剪力为 248.6kN。

由于沟槽上部和底部都有可能受拉,配置双向钢筋。在两侧墙顶部,配两排受力钢筋,分别距离顶面 5cm 和 20cm,各选 4φ14,总面积 1 232mm²。在沟槽底部,配一排受力钢筋,离底边 5cm,选 6φ16,总面积 1 206mm²。钢筋为 HRB335,$f_y = f'_y = 300$MPa。混凝土为 C25,$f_c = 11.9$MPa。现进行验算。

① 当荷载作用在沟槽中部时

当荷载作用在沟槽中部时,沟槽底部受拉,按倒 T 形梁配筋。取 $a = 50$mm,$h_0 = 1\,200 - 50 =$

$1\,150\text{mm}, b=400\text{mm}, a'=125\text{mm}$(两排钢筋重心)。

由于受压钢筋多于受拉钢筋,则按下式验算:
$$M < f_y A_s (h_0 - a') = 300 \times 1\,206 \times (1\,150 - 125) \times 10^{-6} = 370.9(\text{kN}\cdot\text{m})$$

设计弯矩为 356.4kN·m,满足要求。

剪力验算:
$$0.7 f_t b h_0 = 0.7 \times 1.27 \times 400 \times 1\,150 = 408\,940(\text{N})$$

$V = 136\,500\text{N} < 0.7 f_t b h_0$,说明不需要配箍筋或斜筋。

②荷载作用在沟槽端部时

当荷载作用在沟槽端时,沟槽顶部受拉,按正 T 形梁配筋。$h_0 = 1\,200 - 125 = 1\,085\text{mm}$, $a' = 50\text{mm}, b'_f = 1\,000\text{mm}, h'_f = 200\text{mm}$。

首先验算是否满足:
$$f_y A_s \leqslant f_c b'_f h'_f + f'_y A'_s$$

$$300 \times 1\,232 = 369\,600 \leqslant 11.9 \times 1\,000 \times 200 + 300 \times 1\,206 = 2\,741\,800$$

即 $369\,600 \leqslant 2\,741\,800$,则按宽度为 b'_f 的矩形梁验算。

$$x = \frac{f_y A_s - f'_y A'_s}{f_c b'_f} = \frac{300 \times 1\,232 - 300 \times 1\,206}{11.9 \times 1\,000} = 0.65(\text{mm})$$

由于 $x < 2a'$,则按下式验算:
$$M < f_y A_s (h_0 - a') = 300 \times 1\,232 \times (1\,085 - 50) \times 10^{-6}$$
$$= 382.5(\text{kN}\cdot\text{m})$$

设计弯矩为 370.2kN·m,满足要求。

剪力验算:

$0.7 f_t b h_0 = 0.7 \times 1.27 \times 400 \times 1\,085 = 408\,940(\text{N})$

$V = 135\,000\text{N} < 0.7 f_t b h_0$,说明不需要配箍筋或斜筋。

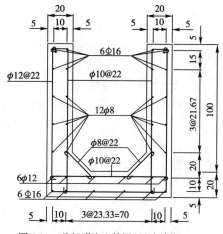

图 5-31 盖板明沟配筋图(尺寸单位:cm)

除了配置受力主筋外,还需配置构造钢筋,详见图 5-31。

2. 沟槽接头处有传力杆情况

机场施工中,盖板沟纵向一般每隔 20m 左右设置伸缩缝或施工缝,从而使盖板沟分为若干沟段。为了加强它们的整体连续性以及使其具有良好的受力性能,各段盖板沟常用传力杆连接。由于传力杆的存在,沟端不能产生自由沉陷,因此传力杆受剪切力的作用,传力杆应保证受此剪力而不破坏。

在传力杆受剪切力的同时,传力杆也以等值的剪力反作用于盖板沟,从而在盖板沟内引起附加内力。因此沟段间有传力杆时的纵向内力计算,应按下面两种情况进行叠加:

(1)不考虑传力杆作用时荷载所产生的沟槽纵向内力。

(2)反作用于盖板沟的传力杆剪力单独引起的沟槽纵向内力。

对于第一种情况,前面已经解决了。对于第二种情况也只是如何求解传力杆剪力的问题。传力杆剪力计算如图 5-32 所示。在机轮作用的沟段,若无传力杆时,沟槽在集中荷载作用下,沟端的自由沉陷值为 Y,有传力杆时,传力杆给予荷载作用的沟段一个向上的剪力 V。此剪力使沟端产生向上的位移 Y_V,因此沟端的最后沉陷为 $Y-Y_V$。而在无机轮作用的沟段,只受到传力杆向下作用的剪力 V,此剪力使沟端产生向下的沉陷为 Y_V。因两沟槽之间用传力杆连接,故在沟端最终沉陷值应相等,即:

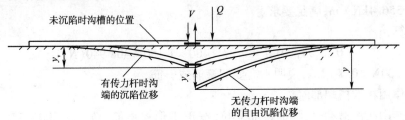

图 5-32 有传力杆时的变形情况

$$Y_V = Y - Y_V$$

所以:
$$Y_V = \frac{1}{2}Y$$

因为:
$$Y = \frac{1-\mu_0^2}{E_0}\frac{Q}{L}\overline{Y}, Y_V = \frac{1-\mu_0^2}{E_0}\frac{V}{L}\overline{Y}_V$$

则:
$$V = \frac{Q}{2}\frac{\overline{Y}}{\overline{Y}_V}$$

式中:Q——集中荷载;
$\overline{Y}$——机轮荷载 Q 在沟端引起的挠度系数;
$\overline{Y}_V$——传力杆剪力 V 在沟端引起的挠度系数。

由于机轮 Q 的作用位置离端头有一定距离(轮印宽之半),而剪力 V 直接作用在端头,所以 $\overline{Y}_V$ 和 $\overline{Y}$ 有一定差别,一般 $\overline{Y}_V$ 略大于 $\overline{Y}$。

由于传力杆的反作用力与机轮的作用方向相反,所以传力杆对盖板沟引起的附加内力可以减小轮载在盖板沟内产生的纵向内力,因此传力杆对盖板沟的受力条件是有利的。

【例 5-5】 设计资料同[例 5-4]。若盖板沟接头处设有传力杆,试求传力杆所受的剪力及此剪力对盖板沟引起的附加内力,并确定纵向钢筋数量。

解:1. 求传力杆所受的剪力

机轮荷载作用在沟端时引起的挠度系数 $\overline{Y}=4.13$,传力杆剪力在沟端所引起的挠度系数 $\overline{Y}_V=4.31$,轮载为 $Q=150$kN,所以:

$$V = \frac{Q}{2}\frac{\overline{Y}}{\overline{Y}_V} = \frac{150}{2} \times \frac{4.13}{4.31} = 71.87(\text{kN})$$

2. 求传力杆剪力对盖板沟纵向所产生的附加内力

剪力作用于沟端应按半无限长梁计算:

$$\beta = \frac{b}{L} = 0.082, \alpha_l = 0$$

计算结果见表 5-10,内力图见图 5-33。

将沟端剪力引起的内力与荷载作用引起的内力叠加,最大弯矩为 94.7kN·m,最大剪力为 78.82kN,而与此相邻的沟段在沟端剪力的作用下最大弯矩为 108.72kN·m,因此弯矩按 108.72kN·m 考虑。

有传力杆时的内力计算表 表 5-10

计算断面坐标 x (m)	0	0.24	0.61	1.22	2.44	3.66	6.10	12.20	18.30
计算断面到沟左端的折算距离 $\xi_l = \dfrac{x}{L}$	0	0.039	0.1	0.2	0.4	0.6	1.0	2.0	3.0
沟端剪力对计算断面处引起的弯矩系数 $\overline{M}$	0	0.034	0.087	0.150	0.224	0.248	0.217	0.057	0
弯矩值 M (kN·m)	0	14.91	38.14	65.76	98.20	108.7	95.13	24.99	0
沟端剪力对计算断面处引起的剪力系数 $\overline{V}$	1.0	0.911	0.744	0.535	0.228	0.031	-0.152	-0.113	-0.013
剪力值 V (kN)	71.87	65.47	53.47	38.45	16.39	2.23	-10.92	-8.12	-0.93

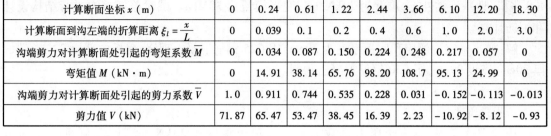

a) 弯矩图(单位:kN·m)

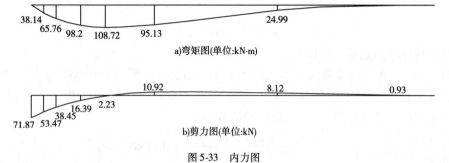

b) 剪力图(单位:kN)

图 5-33 内力图

3. 确定纵向钢筋的数量

当设置传力杆后,顶面受拉时最大弯矩为 108.72kN·m,设计弯矩 197.87kN·m。而底面受拉时与前面相同。

设顶面设一排 4φ14(HRB335)受力钢筋,总面积 616mm²,a = 5cm,底面选 6φ16,总面积 1 206mm²。h_0 = 1 200 - 50 = 1 150mm,a'_s = 50mm。

由于 $A_s < A'_s$,则按下式验算:

$$M < f_y A_s (h_0 - a'_s) = 300 \times 616 \times (1\,150 - 50) \times 10^{-6} = 203.28 (\text{kN·m})$$

设计弯矩为 197.87kN·m,满足要求。

第六节 盖板暗沟的设计

盖板暗沟是埋于地下的盖板沟。一般用于穿越道面或飞行区其他地区。为防止盖板暗沟淤堵,其净宽和净深不小于 0.5m。盖板暗沟的结构形式与盖板明沟相似。主要区别在于盖板暗沟的盖板顶面有覆土,因此盖板不留进水孔。由于盖板埋于地下,一般不打开,因此盖板宽度可以大一些,常为 1m。由于盖板自重较大,需设置吊装环,便于安装。安装时,侧墙顶面可抹水泥浆,与盖板有一定的连接作用。沟槽一般用钢筋混凝土浇筑,尤其是穿越道面的盖板暗沟,要防止沟槽开裂漏水,影响道基的稳定。

盖板暗沟实际上是盖板涵的一种,其外荷载计算与内力计算方法与盖板涵基本相同。在沟槽内力计算时,侧墙顶部一般按铰接考虑。因为盖板顶面有一定土压力,与侧墙顶面的摩擦力较大,另外盖板安装时一般坐浆,也有一定的连接作用。钢筋混凝土盖板沟的侧墙与底板的连接,视为弹性固定,按节点变形协调条件进行计算。下面通过例题来介绍盖板暗沟的设计方法。

【例 5-6】 某穿越滑行道的盖板暗沟,净宽 1.0m,净深 1.2m,埋深 0.5m。荷载为 B747-400 飞机,地基为黏性土,重度为 20kN/m³,变形模量为 30MPa。试对盖板暗沟进行结构设计和配筋计算。

解: 初步确定沟侧墙和底板厚度为 20cm,用 C25 钢筋混凝土现浇;盖板中部厚 22cm,端部厚 20cm,宽度 99cm,用 C30 钢筋混凝土预制。

1. 盖板设计

盖板顶部土压力:

按沟埋式考虑,垂直土压力系数 $K=1.2$,填土重度按 23kN/m^3 计算,则垂直土压力强度:

$$q_B = K\gamma H = 1.2 \times 23 \times 0.5 = 13.8 (\text{kN/m}^2)$$

飞机荷载传递到盖板上的压力:

B747-400 最大起飞荷载为 3 781kN,主起落架荷载分配系数为 0.964,主起落架共 4 个,每个主起落架有 4 个机轮,主轮的轮距 1.12m,轴距 1.47m,胎压 1.35MPa。盖板埋深 0.5m,查表 2-9 得动力系数为 1.15,每个主轮的动荷载为:

$$P = \frac{1.15 \times 0.964 \times 3\,781}{16} = 262 (\text{kN})$$

则轮印面积为:

$$A = \frac{P}{1\,000q} = \frac{262}{1\,000 \times 1.35} = 0.194 (\text{m}^2)$$

轮印的长宽为:

$$a = 1.205\sqrt{A} = 1.205 \times \sqrt{0.194} = 0.531(\text{m})$$
$$b = 0.83\sqrt{A} = 0.83 \times \sqrt{0.194} = 0.366(\text{m})$$

荷载扩散到盖板上的长和宽分别为:

$$a_1 = 1.4Z + a = 1.4 \times 0.5 + 0.531 = 1.231(\text{m})$$
$$b_1 = 1.4Z + b = 1.4 \times 0.5 + 0.366 = 1.066(\text{m})$$

分别小于主轮的轴距和轮距,荷载扩散后不重叠。

因此,扩散到盖板上的荷载为:

$$q'_B = \frac{P}{(a+1.4Z)(b+1.4Z)} = \frac{262}{1.231 \times 1.066} = 199.6 (\text{kN/m}^2)$$

为布满整个盖板的均布荷载。

盖板自重:

$$g = 0.22 \times 25 = 5.5 (\text{kN/m}^2)$$

盖板上设计荷载:

$$q = 1.27q_B + 1.4q'_B + 1.2g = 1.27 \times 13.8 + 1.4 \times 199.6 + 1.2 \times 5.5 = 303.6 (\text{kN/m}^2)$$

盖板为简支板,计算跨径:计算弯矩时,$l = 1.2\text{m}$;计算剪力时,$l_0 = 1.0\text{m}$,板宽按 1m 计算。

跨中弯矩:

$$M = \frac{l^2}{8}q = \frac{1.2^2}{8} \times 303.6 = 54.65 (\text{kN} \cdot \text{m})$$

支点剪力:

$$V = \frac{l_0}{2}q = \frac{1.0}{2} \times 303.6 = 151.8(\text{kN})$$

盖板暗沟还要验算施工荷载。施工荷载不小于公路规范中车辆荷载的0.7倍。

车辆荷载后轴140kN,一侧为70kN,轮印尺寸$B = 0.6\text{m}$,$C = 0.2\text{m}$,直接作用在盖板上,动力系数1.3,则动荷载为:

$$P = 0.7 \times 1.3 \times 70 = 63.7(\text{kN})$$

$$M = \frac{P}{4}\left(l - \frac{c}{2}\right) = \frac{63.7}{4} \times \left(1.2 - \frac{0.2}{2}\right) = 17.52(\text{kN} \cdot \text{m})$$

$$V = P\left(1 - \frac{c}{2l_0}\right) = 63.7 \times \left(1 - \frac{0.2}{2 \times 1.0}\right) = 57.3(\text{kN})$$

设计荷载为:

$$M = 1.4 \times 17.52 = 24.83(\text{kN} \cdot \text{m})$$

$$V = 1.4 \times 57.3 = 80.2(\text{kN} \cdot \text{m})$$

施工荷载引起的内力小于飞机荷载,因此按飞机荷载设计。

正截面:

盖板两端厚20cm,中部厚22cm,钢筋取$\phi16$,两端钢筋净保护层22mm,中部钢筋净保护层42cm,则$h_0 = 220 - 50 = 170$mm。

$$\alpha_s = \frac{M}{f_c b h_0^2} = \frac{54.65 \times 10^6}{14.3 \times 990 \times 170^2} = 0.134$$

$$\xi = 1 - \sqrt{1 - 2\alpha_s} = 1 - \sqrt{1 - 2 \times 0.134} = 0.144$$

$$\rho = \xi f_c / f_y = 0.144 \times 14.3/300 = 0.69\%$$

$$A_s = \rho b h_0 = 0.0069 \times 990 \times 170 = 1161(\text{mm}^2)$$

每块板取$6\phi16$,$A = 1206\text{mm}^2$。

验算$\xi \leq \xi_b = 0.614$,$45f_t/f_y = 45 \times 1.43/300 = 0.214\%$,$A_s \geq \rho_{\min}bh = 0.00214 \times 990 \times 220 = 468(\text{mm}^2)$

说明配筋率合适。

斜截面:

$$0.7f_t b h_0 = 0.7 \times 1.43 \times 990 \times 170 = 168468(\text{N})$$

$V = 151800\text{N} < 0.7f_t b h_0$,但相差不多。按计算可不配箍筋或斜筋,但为保证安全,按构造要求配箍筋,箍筋为$2\phi10$,间距20cm。盖板暗沟配筋图见图5-34。

2. 沟槽设计

(1)沟槽横向内力计算

①侧向土压力

侧向填土重度按20kN/m^3考虑,内摩擦角为$30°$。

沟槽顶:

$$q_1' = \gamma H_1 \tan^2(45° - \varphi/2) = 20 \times 0.7 \times \tan^2(45° - 30°/2) = 4.66(\text{kN/m})$$

底板厚度中心线处:

$$q_2' = \gamma H_2 \tan^2(45° - \varphi/2) = 20 \times 2.0 \times \tan^2(45° - 30°/2) = 13.33(\text{kN/m})$$

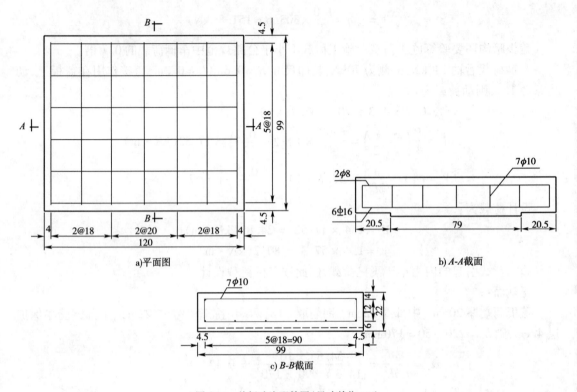

图 5-34 盖板暗沟配筋图(尺寸单位:cm)

② 飞机荷载产生的侧向土压力

a. 机轮荷载全部作用在沟侧时

取侧墙中心点(深1.3m)的荷载,并按均匀荷载考虑。由于1个起落架中4个机轮的轮印重叠。由于侧墙埋深大,不考虑飞机的动荷载系数,则每个机轮的静载为227.8kN,轮印尺寸为0.341m×0.495m。则垂直应力:

$$q_B' = \frac{4 \times 227.8}{(0.341 + 1.12 + 1.4 \times 1.3) \times (0.495 + 1.47 + 1.4 \times 1.3)}$$
$$= 73.4(\text{kN/m}^2)$$

沟槽纵向每延米内飞机荷载引起的侧向土压力:

$$q_x = \xi q_B' = \tan^2(45° - 30°/2) \times 73.4 = 24.5(\text{kN/m})$$

设计荷载:

沟顶:

$$q_1 = 1.27 \times 4.66 + 1.4 \times 24.5 = 40.2(\text{kN/m})$$

沟底:

$$q_2 = 1.27 \times 13.33 + 1.4 \times 24.5 = 51.2(\text{kN/m})$$

将设计荷载分为均布荷载和三角形荷载,其中均布荷载 $\sigma = 40.2\text{kN/m}$,三角形荷载最大值 $\sigma_1 = 11.0\text{kN/m}$。侧墙上顶部按铰接,下端按变形协调考虑。$h = 1.3\text{m}, l = 1.2\text{m}$。

三角形荷载作用时：
根据已知条件，$I_1 = I_2 = I_3$，则：

$$K_0 = \frac{hI_3}{l}\left(\frac{1}{I_1} + \frac{1}{I_2}\right) + 3 = 2\frac{h}{l} + 3 = 2 \times \frac{1.3}{1.2} + 3 = 5.17$$

$$X_1 = \frac{1}{5}\sigma_1 h\left(\frac{1}{2} + \frac{1}{K_0}\right) = \frac{1}{5} \times 11 \times 1.3 \times \left(\frac{1}{2} + \frac{1}{5.17}\right) = 1.98(\text{kN})$$

角点弯矩：

$$M_A = M_B = X_1 h - \frac{1}{6}\sigma_1 h^2 = 1.98 \times 1.3 - \frac{1}{6} \times 11 \times 1.3^2 = -0.524(\text{kN} \cdot \text{m})$$

顶点剪力：

$$V_C = V_D = X_1 = 1.98(\text{kN})$$

角点剪力：

$$V_A = V_B = X_1 - \frac{1}{2}\sigma_1 h = 1.98 - \frac{1}{2} \times 11 \times 1.3 = -5.17(\text{kN})$$

均匀荷载作用时：

$$K_0 = 5.17$$

支承反力：

$$X_2 = \frac{3}{8}\sigma h\left(1 + \frac{1}{K_0}\right) = \frac{3}{8} \times 40.2 \times 1.3 \times \left(1 + \frac{1}{5.17}\right) = 23.39(\text{kN})$$

角点弯矩：

$$M_A = M_B = X_2 h - \frac{1}{2}\sigma h^2 = 63.24 \times 1.3 - \frac{1}{2} \times 40.2 \times 1.3^2 = -3.562(\text{kN} \cdot \text{m})$$

顶点剪力：

$$V_C = V_D = X_2 = 23.39(\text{kN})$$

角点剪力：

$$V_A = V_B = X_2 - \sigma h = 63.24 - 40.2 \times 1.3 = -29.02(\text{kN})$$

两种荷载组合后：
支承反力：

$$X = X_1 + X_2 = 1.98 + 23.39 = 25.37(\text{kN})$$

角点弯矩：

$$M_A = M_B = -0.524 - 3.562 = -4.09(\text{kN} \cdot \text{m})$$

沟壁最大正弯矩的位置：

$$x = \frac{h\left(\sqrt{\sigma^2 + 2X\dfrac{\sigma_1}{h}} - \sigma\right)}{\sigma_1}$$

$$= \frac{1.3 \times \left(\sqrt{40.2^2 + 2 \times 25.37 \times \dfrac{11}{1.3}} - 40.2\right)}{11} = 0.594(\text{m})$$

弯矩值：

$$M_{max} = Xx - \frac{\sigma}{2}x^2 - \frac{\sigma_1 x^3}{6h}$$

$$= 25.37 \times 0.594 - \frac{40.2}{2} \times 0.594^2 - \frac{11 \times 0.594^3}{6 \times 1.3} = 7.68(\text{kN} \cdot \text{m})$$

顶点剪力：

$$V_C = V_D = X = 25.37(\text{kN})$$

角点剪力：

$$V_A = V_B = 5.17 + 29.02 = 34.19(\text{kN})$$

内力见图 5-35。

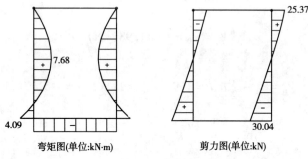

弯矩图(单位:kN·m)　　　剪力图(单位:kN)

图 5-35　内力图

b. 机轮荷载作用于盖板顶部

竖向荷载包括机轮荷载、填土荷载和盖板重，从前面已得到设计荷载 $q = 303.6 \text{kN/m}$ 可知。

支承力：

$$X = \frac{ql^2}{4hK_0} = \frac{303.6 \times 1.2^2}{4 \times 1.3 \times 5.17} = 16.26(\text{kN})$$

底板角点弯矩：

$$M_A = M_B = -Xh = -16.26 \times 1.3 = -21.14(\text{kN} \cdot \text{m})$$

底板中点弯矩：

$$M_F = \frac{ql^2}{8} - \frac{ql^2}{4K_0} = \frac{303.6 \times 1.2^2}{8} - \frac{303.6 \times 1.2^2}{4 \times 5.17} = 33.51(\text{kN} \cdot \text{m})$$

底板最大剪力：

$$V_A = V_B = \frac{1}{2}ql_0 = \frac{1}{2} \times 303.6 \times 1.2 = 182.16(\text{kN})$$

侧向填土压力：

顶部：

$$q_1 = 1.27 \times 4.66 = 5.92(\text{kN/m}^2)$$

底部：

$$q_2 = 1.27 \times 13.33 = 16.92(\text{kN/m}^2)$$

均匀荷载：　　　$\sigma = 5.92 \text{kN/m}^2$

三角形荷载：　　$\sigma_1 = 11.0 \text{kN/m}^2$

这两种荷载作用的计算方法与前面相同,最终角点弯矩为:
$$M_A = M_B = -1.05 \mathrm{kN \cdot m}$$
两种荷载组合后:
$$M_A = M_B = -21.14 - 1.05 = -22.19(\mathrm{kN \cdot m})$$
$$M_F = 33.51 - 1.05 = 32.46(\mathrm{kN \cdot m})$$

内力图见图 5-36。

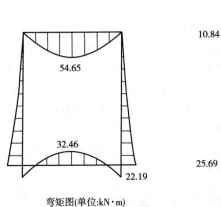
弯矩图(单位:kN·m)

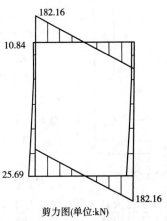
剪力图(单位:kN)

图 5-36 内力图

综合以上两种情况,得到侧墙外侧最大弯矩为 22.19kN·m,内侧最大弯矩为 7.68kN·m,最大剪力为 34.04kN。底板外侧最大弯矩为 22.19kN·m,内侧最大弯矩为 32.46kN·m,最大剪力为 182.16kN。

(2)横向配筋计算

侧墙和底板厚度 20cm,采用 C25 级混凝土;横向钢筋用 HRB335(Ⅱ级),取 $a = 35$mm, $h_0 = 165$mm。

侧墙和底板外侧:
$$\alpha_s = \frac{M}{f_c b h_0^2} = \frac{22.19 \times 10^6}{11.9 \times 1\,000 \times 165^2} = 0.068$$
$$\xi = 1 - \sqrt{1 - 2\alpha_s} = 1 - \sqrt{1 - 2 \times 0.068} = 0.071$$
$$\rho = \xi f_c / f_y = 0.171 \times 11.9 / 300 = 0.28\%$$
$$A_s = \rho b h_0 = 0.002\,8 \times 1\,000 \times 165 = 462(\mathrm{mm}^2)$$

取 4ϕ14,即每延米平均 4 根,间距为 25cm,$A = 616$mm²。
验算:$\xi \leq \xi_b = 0.614$,$A_s \geq \rho_{\min} b h = 0.002 \times 1\,000 \times 200 = 400(\mathrm{mm}^2)$
说明配筋合适,因此侧墙和底板外侧取 ϕ14,间距为 25cm。

底板内侧:
$$\alpha_s = \frac{M}{f_c b h_0^2} = \frac{32.46 \times 10^6}{11.9 \times 1\,000 \times 165^2} = 0.100$$
$$\xi = 1 - \sqrt{1 - 2\alpha_s} = 1 - \sqrt{1 - 2 \times 0.100} = 0.106$$

$$\rho = \xi f_c/f_y = 0.106 \times 11.9/270 = 0.42\%$$
$$A_s = \rho b h_0 = 0.0042 \times 1000 \times 165 = 693(\text{mm}^2)$$

验算：
$$\xi \leqslant \xi_b = 0.614, A_s \geqslant \rho_{\min} bh = 0.002 \times 1000 \times 200 = 400(\text{mm}^2)$$

选 $\phi16$，间距 25cm，每延米 $A = 804\text{mm}^2$。

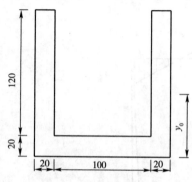

图 5-37 惯性矩计算示意图

侧墙内侧弯矩很小，按最小配筋率考虑，选 $\phi12$，间距 25cm，$A = 452\text{mm}^2$。

剪力验算：
$$0.7 f_t b h_0 = 0.7 \times 1.27 \times 1000 \times 165 = 146685(\text{N})$$

底板最大剪力 $V = 182.16\text{kN}$，位置在侧墙中线处，由于构造上有 15cm 护角，在护角中心处（距侧墙中线 17.5cm）剪力为 129.03kN，小于 $0.7 f_t b h_0$，因此可不配箍筋或斜筋。

(3) 纵向内力计算

沟槽的惯性矩 I，先求中性轴位置，如图 5-37 所示。对沟槽底边取静矩有：

$$y_0 = \frac{2 \times 1.2 \times 0.2 \times 0.8 + 0.2 \times 1.4 \times 0.1}{2 \times 1.2 \times 0.2 + 0.2 \times 1.4} = 0.542(\text{m})$$

$$I = \sum b \frac{y_2^3 - y_1^3}{3} = 2 \times 0.2 \times \frac{0.858^3 + 0.542^3}{3} + 1.0 \times \frac{0.542^3 - 0.342^3}{3} = 0.145(\text{m}^4)$$

柔性指数 t，根据混凝土等级，盖板明沟的弹性模量为 28 000MPa，所以：

$$t = \frac{\pi E_0 a^3 b}{2(1-\mu_0^2)EI} = \frac{3.14 \times 30 \times 10^3 \times 0.7}{2 \times (1-0.4^2) \times 28\,000 \times 0.145} = 9.67$$

$t > 1$，为非刚性梁。

长梁的鉴别：

特征长度：
$$L = \sqrt[3]{\frac{EI(1-\mu_0^2)}{E_0 b}} = \sqrt[3]{\frac{28\,000 \times 0.145 \times (1-0.4^2)}{30 \times 0.7}} = 5.46(\text{m})$$

半长折算距离：
$$\lambda^0 = \frac{a}{L} = \frac{10}{5.46} = 1.83$$

半宽折算距离：
$$\beta = \frac{b}{L} = \frac{0.7}{5.46} = 0.128$$

因 $0.01 < \beta < 0.15, \lambda^0 > 1.0$，故沟槽属于长梁。

①轮载位于盖板沟中央时沟槽的内力计算

一个起落架内有 4 个机轮，其中有 2 个机轮作用在盖板上方。根据前面的计算，单个机轮荷载扩散到盖板上时，压力为 199.6kN/m²，扩散长度为 1.231m，宽度为 1.066m。假设飞机前进方向与盖板沟垂直，则在沟槽纵向的荷载如图 5-38 所示。两个轮子的分布荷载宽106.6cm，

中心点的距离112cm。为方便计算,将单个机轮的分布荷载简化为3个集中力,共为6个集中力,每个为:

$$Q = 199.6 \times 1.231 \times 1.066/3 = 87.3(\text{kN})$$

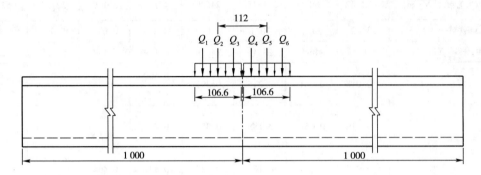

图5-38 荷载作用在盖板暗沟中部(尺寸单位:cm)

集中力在沟中部对称分布,$Q_1 \sim Q_6$ 距沟槽左端的距离分别为:9.085m、9.440m、9.795m、10.205m、10.560m、10.915m。Q_1 距左端的折算距离为:

$$\alpha_{l1} = \frac{9.085}{5.46} = 1.664$$

其余各力的折算距离分别为:1.729、1.794、1.869、1.934、1.999,其值均大于1,所以属于无限长梁。由于 $\beta = 0.128$,并按 $\beta = 0.15$、$\alpha = \infty$ 查表,分别查附表B-9~附表B-12中最右一列。考虑到结构的对称性,只需计算沟槽的左半边内力,计算断面选取如下:

$$x = 0\text{m}、4.0\text{m}、6.0\text{m}、8.0\text{m}、9.085\text{m}、9.44\text{m}、9.795\text{m}、10.0\text{m}$$

为了计算清晰起见,具体过程汇总于表5-11中。

荷载作用于沟段中部时的纵向内力 表5-11

x (m)	0	4.0	6.0	8.0	9.085	9.44	9.795	10.0
$\xi_l = \dfrac{x}{L}$	0	0.733	1.099	1.465	1.664	1.729	1.794	1.832
$\xi = \xi_l - \alpha_l$	−1.664	−0.931	−0.565	−0.199	0	0.065	0.13	0.168
	−1.729	−0.996	−0.63	−0.264	−0.065	0	0.065	0.103
	−1.794	−1.061	−0.695	−0.329	−0.13	−0.065	0	0.038
	−1.869	−1.136	−0.77	−0.404	−0.205	−0.14	−0.075	−0.037
	−1.934	−1.201	−0.835	−0.469	−0.27	−0.205	−0.14	−0.102
	−1.999	−1.266	−0.900	−0.534	−0.335	−0.27	−0.205	−0.167
$\overline{M}_i$	−0.032	−0.020	0.032	0.141	0.23	0.199	0.170	0.154
	−0.031	−0.025	0.019	0.118	0.199	0.23	0.199	0.182
	−0.030	−0.027	0.007	0.095	0.170	0.199	0.23	0.213
	−0.029	−0.030	−0.002	0.071	0.139	0.170	0.199	0.213
	−0.027	−0.033	−0.010	0.054	0.116	0.139	0.170	0.182
	−0.026	−0.034	−0.018	0.039	0.094	0.116	0.139	0.154

续上表

$\sum_{i=1}^{6}\overline{M}_i$	-0.175	-0.169	0.028	0.518	0.948	1.053	1.107	1.098
$M_0 = QL\sum_{i=1}^{6}\overline{M}_i$ (kN·m)	-83.42	-80.56	13.35	246.9	451.9	501.9	527.7	523.4
ΔM_l (kN·m)	83.42	34.5	10.1	0	0	0	0	0
$M = M_0 + \Delta M_l$ (kN·m)	0	-46.06	23.45	246.9	451.9	501.9	527.7	523.4
$\overline{V}_i$	-0.018	0.081	0.215	0.391	0.500 -0.500	-0.464	-0.429	-0.409
	-0.019	0.061	0.188	0.358	0.464	0.500 -0.500	-0.464	-0.433
	-0.020	0.048	0.161	0.325	0.429	0.464	0.500 -0.500	-0.479
	-0.020	0.033	0.134	0.288	0.388	0.429	0.464	0.479
	-0.019	0.021	0.112	0.258	0.355	0.388	0.429	0.433
	-0.019	0.013	0.09	0.229	0.322	0.355	0.388	0.409
$\sum_{i=1}^{6}\overline{V}_i$	-0.115	0.257	0.9	1.849	2.458 1.458	1.672 0.672	0.888 -0.112	0
$V = Q\sum_{i=1}^{6}\overline{V}_i$ (kN)	-10.0	22.4	78.6	161.4	214.6 127.3	146.0 58.7	77.5 -9.8	0

②荷载作用在沟槽端部时的内力计算

假设沟端设有传力杆,两个机轮对称作用在接缝处,因此只需按1个机轮计算,并按3个集中力考虑,如图5-39所示。

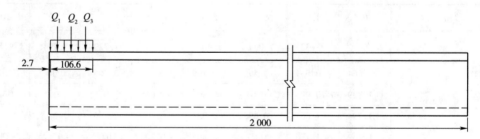

图5-39 荷载作用在盖板暗沟中部(尺寸单位:cm)

集中力的位置距左端的距离为:0.205m、0.56m、0.915m,折算距离为:

$$\alpha_{l1} = \frac{0.205}{5.46} = 0.038$$

$$\alpha_{l2} = \frac{0.56}{5.46} = 0.103$$

$$\alpha_{l2} = \frac{0.915}{5.46} = 0.168$$

均小于1.0,属于半无限长梁。查附表B-9~附表B-12,将结果列于表5-12。

第五章 盖板沟设计

荷载作用于沟段端部时的纵向内力 表5-12

$x(m)$	0	0.205	0.56	0.915	2.0	4.0	6.0	8.0	12.0
$\xi_i = \dfrac{x}{L}$	0	0.038	0.103	0.168	0.366	0.733	1.099	1.465	2.298
	0	0.005	-0.051	-0.094	-0.188	-0.245	-0.220	-0.169	-0.058
$\overline{M}_i$	0	0.005	0.013	-0.032	-0.133	-0.205	-0.195	-0.156	-0.057
	0	0.004	0.010	0.029	-0.077	-0.165	-0.171	-0.143	-0.057
$\sum\limits_{i=1}^{3}\overline{M}_i$	0	0.014	-0.028	-0.097	-0.398	-0.615	-0.586	-0.468	-0.172
$M = QL\sum\limits_{i=1}^{3}\overline{M}_i(kN \cdot m)$	0	6.67	-13.35	-46.24	-189.71	-293.15	-279.32	-223.08	-81.99
	0	-0.917 / 0.083	-0.759	-0.634	-0.333	-0.015	0.117	0.153	0.099
$\overline{V}_i$	0	0.083	-0.777 / 0.223	-0.649	-0.373	-0.059	0.080	0.127	0.093
	0	0.077	0.199	-0.686 / 0.314	-0.410	-0.103	0.043	0.101	0.086
$\sum\limits_{i=1}^{3}\overline{V}_i$	0	-0.757 / 0.243	-1.337 / -0.337	-1.969 / -0.969	-1.116	-0.177	0.24	0.381	0.278
$V = Q\sum\limits_{1}^{3}\overline{V}_i(kN)$	0	-66.09 / 21.21	-116.72 / -29.42	-171.89 / -84.59	-97.43	-15.45	20.95	33.26	24.27

从前面计算得到,当荷载作用在沟段的中部时,底部最大弯矩为527.7kN·m,最大剪力为214.6kN;当荷载作用在沟段的端部时,顶部最大弯矩为293.2kN·m,最大剪力为171.9kN。

在设计中,还要考虑荷载分项系数,为1.4。因此当荷载作用在沟段中部时,设计弯矩为738.8kN·m,设计剪力为300.4kN;当荷载作用在端部时,设计弯矩为410.5kN·m,设计剪力为240.7kN。

由于沟槽上部和底部配置双向钢筋。在两侧墙顶部,配两排受力钢筋,分别距离顶面5cm和20cm,各选$4\phi14$,总面积1 232mm²,钢筋重心距顶面125mm。在沟槽底部,也配两排受力钢筋,其中离底边15cm,选$7\phi12$,离底边5cm,选$7\phi16$,总面积2 199mm²,钢筋重心距底边8.6cm。受力钢筋均为HRB335(Ⅱ级),$f_y = f'_y = 300$MPa。混凝土为C25,$f_c = 11.9$MPa。现进行验算。

当荷载作用在沟段中部时,沟槽底部受拉,按倒T形梁配筋。取$a = 86$mm,$h_0 = 1\,400 - 86 = 1\,314$mm,$b = 400$mm,$a'_s = 125$mm。

$$x = \frac{f_y A_a - f'_y A'_s}{f_c b} = \frac{300 \times 2\,199 - 300 \times 1\,232}{11.9 \times 1\,000} = 24.4(mm)$$

由于 $x<2a'_s$，则按下式验算：
$$M<f_y A_s(h_0-a'_s)=300\times 2\ 199\times(1\ 314-125)\times 10^{-6}=784.4(\text{kN}\cdot\text{m})$$
设计弯矩为 738.8kN·m，满足要求。

剪力验算：
$$0.7f_t bh_0=0.7\times 1.27\times 400\times 1\ 314=467\ 258(\text{N})$$
$V=300\ 400\text{N}<0.7f_t bh_0$，说明不需要配箍筋或斜筋。

③荷载作用在沟段端部时

此时沟槽顶部受拉，按正 T 形梁配筋。$h_0=1\ 400-125=1\ 285\text{mm}$，$a'_s=86\text{mm}$，$b'_f=1\ 000\text{mm}$，$h'_f=200\text{mm}$。

由于受压钢筋多于受拉钢筋，则按下式验算：
$$M<f_y A_s(h_0-a'_s)=300\times 1\ 232\times(1\ 285-86)\times 10^{-6}=443.2(\text{kN}\cdot\text{m})$$
设计弯矩 410.5kN·m，满足要求。

同样，剪力也满足要求。

第七节　盖板沟计算的空间有限元方法

一、现行方法存在的问题

前面介绍的盖板沟内力计算方法，是由前苏联学者在 20 世纪 50 年代提出的。主要存在以下几个问题：

(1)盖板沟纵向内力计算时，按弹性半空间地基上的梁计算，这意味着盖板沟是构筑在土体表面的。而实际上盖板沟是构筑在土中的，两侧土体对沟的受力有一定影响。

(2)计算时没有考虑盖板沟的整体受力情况，即纵向计算时没有考虑盖板沟的横向变形，横向计算时没有考虑盖板沟的纵向变形。

(3)该种方法用于盖板沟缺乏应有试验验证。

由于存在上述问题，常常使计算的内力过大，需要配置大量的钢筋。许多设计、施工单位反映配筋过多。根据这种情况，空军工程大学与广空勘察设计所合作进行了《机场盖板明沟设计新法研究》，通过空间有限元方法计算了盖板沟在不同荷载作用下的内力，在室内作了足尺盖板沟的试验验证，并对现行的方法作了分析比较。

二、空间有限元方法

有限元是解决复杂力学计算的一种数值计算方法。计算时，假设盖板沟侧墙顶端为自由端，盖板沟周围一定范围内的土体参与受力，远处的所有土体位移为 0，如图 5-40 所示。

盖板沟计算以两伸缩缝之间的一段沟槽为单位。由于沟槽结构的对称性，只需取 1/4 进行计算。计算中采用八结点长方形等参单元，将盖板沟及周围土体划分成 300 多个单元，如图 5-41 所示，采用商用有限元程序进行求解。

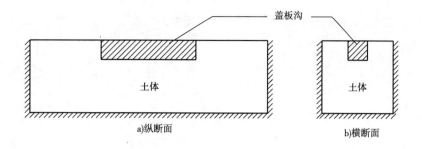

图 5-40　盖板沟与土体的关系

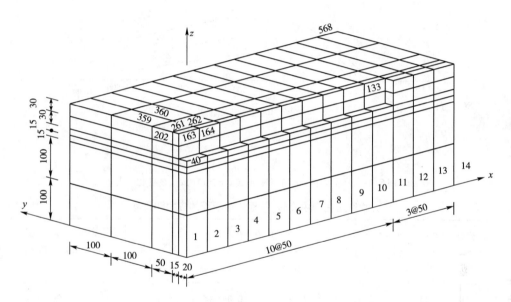

图 5-41　有限元单元的划分(尺寸单位:cm)

计算以图 5-42 所示的盖板明沟为例。沟段长 10m,盖板明沟下铺设 15cm 厚的碎石基础。计算条件为:混凝土弹性模量 E_c = 32 000MPa,泊松比 μ_c = 0.15,基础 E_1 = 100～300MPa,μ_1 = 0.3;土基 E_0 = 50～200MPa,μ_0 = 0.3。荷载直接作用在盖板沟上时取 Q = 50kN,作用在盖板沟一侧土体表面时,取 Q = 40kN。

荷载作用在盖板沟中央、端部和旁侧土体时的截面应力和位移见表 5-13～表 5-15 及图 5-43～图 5-45。

三、结果比较

首先对有限元法的计算结果与室内试验作了比较。试验在空军工程大学道面实验室进行。实测的土基弹性模量为 49.5MPa,计算时取 50MPa,基础按设计经验取 200MPa,空间有限元法计算结果与室内试验比较如表 5-16 所示。

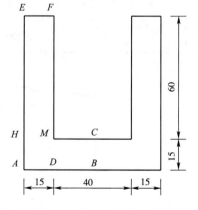

图 5-42　盖板沟横断面(尺寸单位:cm)

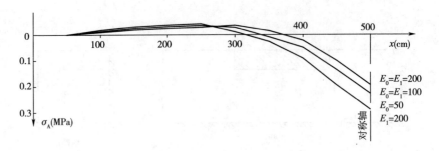

图 5-43 荷载作用在沟中央时，A 点 x 方向应力 σ_{Ax} 的变化曲线

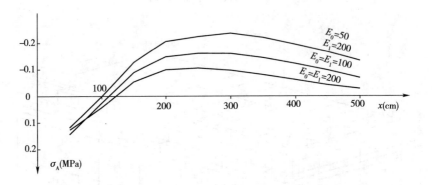

图 5-44 荷载作用在沟端部时，A 点 x 方向应力 σ_{Ax} 的变化曲线

荷载作用在沟中央时，盖板沟中断面的应力和位移 表 5-13

弹性模量(MPa)		截面应力(MPa)				中截面 B 点位移 Z_B(mm)
E_0	E_1	σ_A	σ_B	σ_C	σ_H	
100	100	0.315	0.320	0.091 8	0.141	0.094 0
200	200	0.238	0.244	0.060 2	0.102	0.055 6
50	200	0.400	0.401	0.133	0.184	0.154

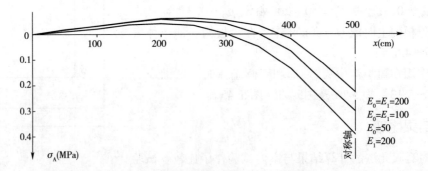

图 5-45 荷载作用在沟中央旁侧土体上时，A 点 x 方向应力 σ_{Ax} 的变化曲线

第五章 盖板沟设计

荷载作用在沟端部时,最不利断面的应力和端部的位移 表5-14

弹性模量(MPa)		最不利截面坐标	最不利截面应力(MPa)				沟端截面B点位移 Z_B(mm)
E_0	E_1	x(cm)	σ_E	σ_F	σ_B	σ_C	
100	100	250	0.261	0.249	-0.168	-0.087 4	0.169
200	200	250	0.175	0.163	-0.106	-0.054 8	0.088 4
50	200	200	0.369	0.357	-0.241	-0.122	0.305

荷载作用在沟中央旁侧土体上时盖板沟中断面的应力和位移 表5-15

弹性模量(MPa)			中截面应力(MPa)				中截面挠度(mm)		
E_0	E_1		σ_A	σ_B	σ_C	σ_H	Z_B	Z_E	Z_F
100	100	x方向	0.225	0.279	0.163		0.051 8	0.074 0	0.063 5
		y方向	0.021 5	0.014 6	-0.060 3	-0.038			
200	200	x方向	0.172	0.213	0.115		0.029 8	0.043 9	0.037 2
		y方向	0.028 9	0.025 2	-0.073 3	-0.039			
50	200	x方向	0.287	0.347	0.204		0.087 3	0.120	0.105
		y方向	0.009 1	-0.002 1	-0.043	-0.036			

从验证结果看,空间有限元法与实测结果比较接近,说明该法比较可靠。

另外,用空间有限元法与现行弹性地基梁方法也进行了比较,结果见表5-17。从表中可以看出,现行方法比空间有限元法的计算结果大得多,说明现行方法结果偏大。

空间有限元法计算结果与室内试验比较 表5-16

荷载部位	计算方法	土基弹性模量(MPa)	C点x方向应力(MPa)	最大挠度(mm)
沟中	实测值	$E_0=50$ $E_1=200$	0.160	0.130
	空间有限元法		0.133	0.154
	相差(%)		-20.4	18.8
沟端	实测值	$E_0=50$ $E_1=200$	-0.152	0.410
	空间有限元法		-0.122	0.305
	相差(%)		24.3	34.3
沟旁侧土体表面	实测值	$E_0=50$ $E_1=200$	0.182	0.061 3
	空间有限元法		0.210	0.087 3
	相差(%)		15.4	39.3

空间有限元法与现行方法比较 表5-17

计算方法	土基弹性模量(MPa)	荷载作用在沟中			荷载作用在沟端		
		x方向应力(MPa)		挠度(mm)	x方向应力(MPa)		挠度
	E_0	σ_B	σ_C	Z_B	σ_B	σ_E	Z_B
空间有限元法	100	0.320	0.092	0.094	-0.168	0.261	0.17
现行方法		0.557	0.289	0.210	-0.527	0.741	0.55
相差(%)		74.1	214.1	123.0	214.1	184.0	225.8

125

续上表

计算方法	土基弹性模量 (MPa) E_0	荷载作用在沟中			荷载作用在沟端		
		x方向应力(MPa)		挠度(mm)	x方向应力(MPa)		挠度
		σ_B	σ_C	Z_B	σ_B	σ_E	Z_B
空间有限元法	200	0.244	0.060	0.056	-0.106	0.175	0.088
现行方法		0.442	0.230	0.130	-0.371	0.521	0.34
相差(%)		81.1	283.3	132.1	249.0	197.7	284.7

四、结果分析

现行的盖板沟结构计算方法由于不考虑盖板沟周围土体的作用，且纵横向受力没有同时考虑，使计算结果明显偏大，设计比较保守，往往需配较多钢筋，造成浪费。空间有限元法计算结果比较合理，但计算比较麻烦，在盖板沟设计中直接应用有一定困难。今后将通过对各种盖板沟的大量计算，归纳统计出一定的规律，供设计应用。

从前面的分析可以看出，当荷载为40kN(直接作用在盖板沟上时，考虑动荷系数后为50kN)，盖板沟内的最大拉应力在0.4MPa左右，小于混凝土设计抗拉强度，因此不需要配筋。对轻型飞机(如歼-7等)，单轮荷载小于40kN，可以不配筋，或只按构造要求配筋。但对于较重的飞机和汽车，如重型歼击机、轰炸机及大部分C类以上民用运输飞机，一般需要配筋，要根据沟的断面尺寸、混凝土强度、土基弹性模量等由计算确定。

在军用机场设计中，平地区中部(离道面20m以上)的盖板沟，按汽车荷载设计，受力比较小，有时可用素混凝土或浆砌块石修筑沟槽。对穿越道面的盖板暗沟，为防止沟槽因地基不均匀沉降引起开裂漏水，影响道面的使用，一般需要配筋。计算按最大使用飞机的起飞荷载考虑。若根据计算不需要配筋时，可按构造要求配筋。跑道边缘的盖板沟，一般只承受飞机着陆荷载，而飞机起飞时偏出跑道，作用在盖板沟上的机会非常少。因此盖板可按着陆荷载设计、起飞荷载验算(荷载分项系数设计时取1.4，偶然荷载验算时可取1.0)。而沟槽不需要用起飞荷载验算。

在民用机场设计中，为安全起见，跑道中线两侧75m以内土质区的盖板沟均按飞机着陆荷载设计，而在站坪与航站楼之间工作道路上的盖板沟，一般以该机场内最重的汽车荷载设计。

附录 A 各类材料强度表

混凝土强度设计值(单位:MPa)　　　　　　　　　　　附表 A-1

强度种类	混凝土强度等级													
	C15	C20	C25	C30	C35	C40	C45	C50	C55	C60	C65	C70	C75	C80
f_c	7.2	9.6	11.9	14.3	16.7	19.1	21.1	23.1	25.3	27.5	29.7	31.8	33.8	35.9
f_t	0.91	1.10	1.27	1.43	1.57	1.71	1.80	1.89	1.96	2.04	2.09	2.14	2.18	2.22

混凝土强度标准值(单位:MPa)　　　　　　　　　　　附表 A-2

强度种类	混凝土强度等级													
	C15	C20	C25	C30	C35	C40	C45	C50	C55	C60	C65	C70	C75	C80
f_{ck}	10.0	13.4	16.7	20.1	23.4	26.8	29.6	32.4	35.5	38.5	41.5	44.5	47.4	50.2
f_{tk}	1.27	1.54	1.78	2.01	2.20	2.39	2.51	2.64	2.74	2.85	2.93	2.99	3.05	3.11

混凝土弹性模量 E_c(单位:GPa)　　　　　　　　　　附表 A-3

混凝土强度等级	C15	C20	C25	C30	C35	C40	C45	C50	C55	C60	C65	C70	C75	C80
E_c	22.0	25.5	28.0	30.0	31.5	32.5	33.5	34.5	35.5	36.0	36.5	37.0	37.5	38.0

普通钢筋强度设计值(单位:MPa)　　　　　　　　　　附表 A-4

钢筋种类	符 号	抗拉强度设计值 f_y	抗压强度设计值 f_y'
HPB300	Φ	270	270
HRB335	Φ	300	300
HRBF335	Φ^F		
HRB400	Φ	360	360
HRBF400	Φ^F		
RRB400	Φ^R		
HRB500	Φ	435	410
HRBF500	Φ^F		

混凝土强度设计值(单位:MPa)　　　　　　　　　　　附表 A-5

强度等级 强度类别	C40	C35	C30	C25	C20	C15
轴心抗压强度 f_{cd}	15.64	13.69	11.73	9.78	7.82	5.87
弯曲抗拉强度 f_{tmd}	1.24	1.14	1.04	0.92	0.80	0.66
直接抗剪强度 f_{vd}	2.48	2.28	2.09	1.85	1.59	1.32

注:本表摘自《公路圬工桥涵设计规范》(JTG D61—2005),用于素混凝土桥涵墩台、拱圈、基础等结构。

石料强度设计值（单位：MPa） 附表 A-6

强度类别＼强度等级	MU120	MU100	MU80	MU60	MU50	MU40	MU30
轴心抗压强度 f_{cd}	31.78	26.49	21.19	15.89	13.24	10.59	7.95
弯曲抗拉强度 f_{tmd}	2.18	1.82	1.45	1.09	0.91	0.73	0.55

混凝土预制块砂浆砌体轴心抗压强度设计值 f_{cd}（单位：MPa） 附表 A-7

砌块强度等级	砂浆强度等级					砂浆强度
	M20	M15	M10	M7.5	M5	0
C40	8.25	7.04	5.84	5.24	4.64	2.06
C35	7.71	6.59	5.47	4.90	4.34	1.93
C30	7.14	6.10	5.06	4.54	4.02	1.79
C25	6.52	5.57	4.62	4.14	3.67	1.63
C20	5.83	4.98	4.13	3.70	3.28	1.46
C15	5.05	4.31	3.58	3.21	2.84	1.26

块石砂浆砌体轴心抗压强度设计值 f_{cd}（单位：MPa） 附表 A-8

砌块强度等级	砂浆强度等级					砂浆强度
	M20	M15	M10	M7.5	M5	0
MU120	8.42	7.19	5.96	5.35	4.73	2.10
MU100	7.68	6.56	5.44	4.88	4.32	1.92
MU80	6.87	5.87	4.87	4.37	3.86	1.72
MU60	5.95	5.08	4.22	3.78	3.35	1.49
MU50	5.43	4.64	3.85	3.45	3.05	1.36
MU40	4.86	4.15	3.44	3.09	2.73	1.21
MU30	4.21	3.59	2.98	2.67	2.37	1.05

注：对各类石砌体，应按表中数值分别乘以下列系数：细料石砌体为1.5；半细料石砌体为1.3；粗料石砌体为1.2。干砌块石砌体可采用砂浆强度为0时的轴心抗压强度设计值。

片石砂浆砌体轴心抗压强度设计值 f_{cd}（单位：MPa） 附表 A-9

砌块强度等级	砂浆强度等级					砂浆强度
	M20	M15	M10	M7.5	M5	0
MU120	1.97	1.68	1.39	1.25	1.11	0.33
MU100	1.80	1.54	1.27	1.14	1.01	0.30
MU80	1.61	1.37	1.14	1.02	0.90	0.27
MU60	1.39	1.19	0.99	0.88	0.78	0.23
MU50	1.27	1.09	0.90	0.81	0.71	0.21
MU40	1.14	0.97	0.81	0.72	0.64	0.19
MU30	0.98	0.84	0.70	0.63	0.55	0.16

注：干砌片石砌体可采用砂浆强度为0时的轴心抗压强度设计值。

砂浆砌体轴心抗拉、弯曲抗拉和直接抗剪强度设计值（单位：MPa） 附表 A-10

强度类别	破坏特征	砌体种类	砂浆强度等级				
			M20	M15	M10	M7.5	M5
轴心抗拉强度 f_{td}	齿缝	规则砌块砌体	0.104	0.090	0.073	0.063	0.052
		片石砌体	0.096	0.083	0.068	0.059	0.048
弯曲抗拉强度 f_{tmd}	齿缝	规则砌块砌体	0.122	0.105	0.086	0.074	0.061
		片石砌体	0.145	0.125	0.102	0.089	0.072
	通缝	规则砌块砌体	0.084	0.073	0.059	0.051	0.042
直接抗剪强度 f_{vd}	—	规则砌块砌体	0.104	0.090	0.073	0.063	0.052
		片石砌体	0.241	0.208	0.170	0.147	0.120

注：1. 砌体龄期为 28d。
2. 规则砌块砌体包括：块石砌体、粗料石砌体、半细料石砌体、细料石砌体、混凝土预制块砌体。
3. 规则砌块砌体在齿缝方向受剪时，是通过砌块和灰缝剪破。

附录 B 弹性地基梁计算表

弯矩 $\overline{M}(\beta=0.025)$ 附表 B-1

α ξ	0.0	0.1	0.2	0.3	0.4	0.5	0.6	0.7	0.8	0.9	1.0	∞
0.0	*0.000	0.000	0.000	0.000	0.000	0.000	0.000	0.000	0.000	0.000	0.000	0.176
0.1	-0.085	*0.013	0.011	0.007	0.007	0.006	0.006	0.005	0.004	0.003	0.002	0.130
0.2	-0.142	-0.050	*0.041	0.033	0.028	0.022	0.018	0.015	0.011	0.007	0.005	0.091
0.3	-0.181	-0.094	-0.011	*0.072	0.059	0.048	0.039	0.031	0.022	0.017	0.011	0.058
0.4	-0.202	-0.124	-0.050	0.026	*0.104	0.085	0.068	0.054	0.041	0.030	0.020	0.032
0.5	-0.209	-0.142	-0.070	-0.007	0.059	*0.131	0.105	0.085	0.065	0.046	0.031	0.011
0.6	-0.207	-0.150	-0.092	-0.035	0.022	0.085	*0.152	0.122	0.092	0.070	0.048	-0.006
0.7	-0.198	-0.150	-0.102	-0.054	-0.004	0.050	0.107	*0.168	0.131	0.100	0.070	-0.016
0.8	-0.185	-0.14	-0.105	-0.067	-0.024	0.020	0.068	0.120	*0.176	0.137	0.100	-0.023
0.9	-0.168	-0.135	-0.105	-0.072	-0.039	-0.002	0.039	0.081	0.130	*0.179	0.137	-0.027
1.0	-0.150	-0.124	-0.100	-0.074	-0.048	-0.018	0.015	0.050	0.089	0.135	*0.181	-0.029
1.2	-0.113	-0.098	-0.085	-0.070	-0.056	-0.039	-0.018	0.004	0.030	0.059	0.092	-0.028
1.4	-0.080	-0.072	-0.067	-0.061	-0.054	-0.044	-0.033	-0.020	-0.003	0.011	0.031	-0.024
1.6	-0.050	-0.054	-0.048	-0.048	-0.046	-0.043	-0.039	-0.033	-0.028	-0.018	-0.007	-0.020
1.8	-0.028	-0.030	-0.033	-0.035	-0.035	-0.037	-0.037	-0.035	-0.034	-0.031	-0.026	-0.016
2.0	-0.013	-0.017	-0.020	-0.024	-0.026	-0.031	-0.031	-0.032	-0.035	-0.035	-0.035	-0.012
2.2	-0.004	-0.007	-0.011	-0.015	-0.018	-0.024	-0.024	-0.026	-0.030	-0.033	-0.035	-0.010
2.4	0.002	0.000	-0.006	-0.007	-0.011	-0.017	-0.017	-0.018	-0.024	-0.028	-0.031	-0.008
2.6	0.005	0.002	-0.002	-0.003	-0.005	-0.009	-0.009	-0.013	-0.017	-0.020	-0.024	-0.006
2.8	0.006	0.004	0.000	0.000	-0.002	-0.004	-0.004	-0.006	-0.011	-0.015	-0.018	-0.005
3.0	0.006	0.004	0.002	0.001	0.000	-0.001	-0.002	-0.002	-0.005	-0.009	-0.013	-0.004

注:*表示 $\xi=\alpha$ 时的数值

反压力 $\overline{P}(\beta=0.025)$

附表 B-2

α ξ	0.0	0.1	0.2	0.3	0.4	0.5	0.6	0.7	0.8	0.9	1.0	∞
0.0	*3.227	2.747	2.259	1.828	1.402	1.101	0.867	0.723	0.570	0.424	0.273	0.761
0.1	2.626	*2.296	1.963	1.644	1.335	1.057	0.825	0.643	0.482	0.340	0.219	0.733
0.2	2.105	1.895	*1.683	1.465	1.248	1.034	0.829	0.643	0.480	0.342	0.226	0.668
0.3	1.658	1.538	1.421	*1.291	1.159	1.006	0.846	0.680	0.537	0.395	0.284	0.602
0.4	1.282	1.229	1.182	1.121	*1.059	0.967	0.857	0.727	0.588	0.480	0.371	0.552
0.5	0.963	0.959	0.962	0.958	0.947	*0.911	0.851	0.765	0.669	0.569	0.471	0.509
0.6	0.698	0.720	0.768	0.802	0.831	0.839	*0.825	0.875	0.723	0.649	0.573	0.456
0.7	0.481	0.538	0.603	0.660	0.715	0.755	0.775	*0.772	0.750	0.711	0.659	0.388
0.8	0.306	0.376	0.454	0.528	0.601	0.665	0.714	0.745	*0.757	0.751	0.724	0.310
0.9	0.165	0.246	0.328	0.413	0.494	0.575	0.645	0.703	0.742	*0.759	0.756	0.233
1.0	0.057	0.141	0.230	0.314	0.401	0.484	0.563	0.634	0.693	0.737	*0.762	0.164
1.2	-0.085	-0.003	0.079	0.160	0.243	0.325	0.409	0.494	0.576	0.650	0.712	0.065
1.4	-0.152	-0.083	-0.012	0.057	0.127	0.199	0.275	0.353	0.432	0.507	0.583	0.013
1.6	-0.170	-0.115	-0.062	-0.006	0.047	0.106	0.167	0.233	0.300	0.367	0.438	-0.009
1.8	-0.158	-0.121	-0.083	-0.040	-0.030	0.043	0.089	0.141	0.192	0.243	0.301	-0.016
2.0	-0.134	-0.109	-0.084	-0.055	-0.003	0.002	0.035	0.073	0.110	0.149	0.192	-0.016
2.2	-0.106	-0.091	-0.074	-0.058	-0.042	-0.023	-0.002	0.024	0.051	0.079	0.111	-0.014
2.4	-0.076	-0.068	-0.059	-0.051	-0.043	-0.034	-0.019	-0.008	0.013	0.028	0.050	-0.012
2.6	-0.052	-0.050	-0.045	-0.042	-0.039	-0.035	-0.031	-0.017	-0.013	-0.009	-0.003	-0.009
2.8	-0.032	-0.033	-0.033	-0.033	-0.035	-0.035	-0.034	-0.032	-0.031	-0.031	-0.031	-0.007
3.0	-0.021	-0.020	-0.020	-0.024	-0.028	-0.034	-0.040	-0.044	-0.042	-0.039	-0.030	-0.005

剪力 $\overline{V}(\beta=0.025)$

附表 B-3

α ξ	0.0	0.1	0.2	0.3	0.4	0.5	0.6	0.7	0.8	0.9	1.0	∞
0.0	*0.000	0.000	0.000	0.000	0.000	0.000	0.000	0.000	0.000	0.000	0.000	-0.50
0.1	-0.708	*0.252	0.220	0.174	0.137	0.106	0.083	0.066	0.050	0.038	0.026	-0.425
0.2	-0.472	-0.539	*0.393	0.330	0.266	0.211	0.166	0.128	0.091	0.071	0.047	-0.355
0.3	-0.284	-0.367	-0.452	*0.467	0.387	0.313	0.250	0.194	0.146	0.107	0.072	-0.292
0.4	-0.138	-0.229	-0.322	-0.418	*0.497	0.412	0.335	0.264	0.202	0.150	0.103	-0.234
0.5	-0.026	-0.120	-0.215	-0.309	-0.402	*0.506	0.420	0.340	0.266	0.202	0.144	-0.181
0.6	0.056	-0.036	-0.129	-0.221	-0.314	-0.407	*0.504	0.417	0.386	0.263	0.197	-0.132
0.7	0.113	0.027	-0.061	-0.149	-0.237	-0.328	-0.416	*0.495	0.413	0.333	0.261	-0.090
0.8	0.153	0.073	-0.009	-0.089	-0.171	-0.256	-0.340	-0.427	*0.488	0.407	0.330	-0.055
0.9	0.176	0.103	0.030	-0.042	-0.116	-0.194	-0.272	-0.354	-0.438	*0.482	0.402	-0.028

续上表

α ξ	0.0	0.1	0.2	0.3	0.4	0.5	0.6	0.7	0.8	0.9	1.0	∞
1.0	0.187	0.122	0.058	-0.006	-0.072	-0.141	-0.212	-0.288	-0.365	-0.442	*0.482	-0.008
1.2	0.183	0.135	0.088	0.040	-0.008	-0.060	-0.114	-0.174	-0.237	-0.303	-0.373	0.014
1.4	0.159	0.126	0.093	0.061	0.028	-0.009	-0.047	-0.090	-0.137	-0.188	-0.243	0.021
1.6	0.146	0.106	0.086	0.065	0.048	0.021	-0.004	-0.033	-0.064	-0.100	-0.141	0.021
1.8	0.092	0.091	0.070	0.060	0.049	0.036	0.022	0.004	-0.016	-0.040	-0.067	0.018
2.0	0.062	0.058	0.053	0.050	0.046	0.040	0.034	0.025	0.019	-0.001	-0.018	0.014
2.2	0.039	0.038	0.038	0.039	0.039	0.038	0.037	0.035	0.029	0.022	0.013	0.011
2.4	0.020	0.022	0.024	0.027	0.030	0.032	0.034	0.036	0.035	0.032	0.028	0.009
2.6	0.008	0.011	0.014	0.018	0.022	0.025	0.029	0.032	0.033	0.033	0.032	0.007
2.8	-0.001	0.002	0.006	0.010	0.014	0.018	0.022	0.027	0.029	0.029	0.029	0.005
3.0	-0.005	-0.003	0.000	0.005	0.008	0.012	0.016	0.020	0.022	0.022	0.022	0.004

沉陷 $\overline{Y}(\beta=0.025)$ 附表 B-4

α ξ	0.0	0.1	0.2	0.3	0.4	0.5	0.6	0.7	0.8	0.9	1.0	∞
0.0	*6.92	6.00	5.12	4.28	3.52	2.84	2.20	1.72	1.24	0.88	0.60	2.14
0.1	6.00	*5.32	4.64	3.96	3.32	2.76	2.28	1.80	1.40	1.08	0.80	2.11
0.2	5.12	4.64	*4.16	3.68	3.20	2.74	2.34	1.92	1.56	1.24	1.00	2.02
0.3	4.28	3.96	3.68	*3.44	3.08	2.72	2.40	2.08	1.76	1.48	1.20	1.90
0.4	3.52	3.32	3.20	3.08	*2.88	2.64	2.43	2.16	1.88	1.64	1.40	1.76
0.5	2.84	2.76	2.88	2.72	2.64	*2.56	2.44	2.24	2.04	1.80	1.60	1.60
0.6	2.20	2.28	2.34	2.40	2.43	2.44	*2.36	2.24	2.12	1.96	1.76	1.44
0.7	1.72	1.80	1.92	2.08	2.16	2.24	2.24	*2.24	2.16	2.04	1.92	1.28
0.8	1.24	1.40	1.56	1.76	1.88	2.04	2.12	2.16	*2.20	2.12	2.04	1.13
0.9	0.88	1.08	1.24	1.48	1.64	1.80	1.96	2.04	2.12	*2.16	2.12	0.99
1.0	0.60	0.80	1.00	1.20	1.40	1.60	1.76	1.92	2.04	2.12	*2.16	0.85
1.2	0.16	0.36	0.56	0.80	1.00	1.20	1.40	1.56	1.76	1.92	2.04	0.62
1.4	-0.08	0.08	0.28	0.48	0.68	0.88	1.04	1.24	1.40	1.60	1.76	0.43
1.6	-0.16	-0.04	0.12	0.24	0.44	0.60	0.76	0.92	1.08	1.24	1.40	0.28
1.8	-0.20	-0.12	0.00	0.16	0.28	0.40	0.52	0.64	0.80	0.96	1.08	0.16
2.0	-0.20	-0.12	-0.04	0.08	0.16	0.28	0.36	0.44	0.56	0.64	0.80	0.07
2.2	-0.12	-0.12	-0.04	0.04	0.12	0.16	0.24	0.32	0.40	0.48	0.56	0.00
2.4	-0.08	-0.08	-0.04	0.04	0.08	0.12	0.16	0.20	0.28	0.32	0.36	-0.06
2.6	-0.04	-0.04	0.00	0.04	0.04	0.08	0.12	0.16	0.16	0.20	0.24	-0.11
2.8	0.00	0.00	0.04	0.04	0.04	0.08	0.08	0.12	0.12	0.12	0.16	-0.15
3.0	0.04	0.04	0.04	0.04	0.04	0.04	0.04	0.08	0.08	0.08	0.08	-0.18

弯矩 $\overline{M}(\beta=0.075)$ 附表 B-5

α ξ	0.0	0.1	0.2	0.3	0.4	0.5	0.6	0.7	0.8	0.9	1.0	∞
0.0	*0.000	0.000	0.000	0.000	0.000	0.000	0.000	0.000	0.000	0.000	0.000	0.214
0.1	-0.087	*0.011	0.009	0.007	0.006	0.006	0.006	0.005	0.004	0.003	0.002	0.167
0.2	-0.150	-0.057	*0.039	0.033	0.028	0.022	0.020	0.018	0.015	0.011	0.007	0.127
0.3	-0.195	-0.106	-0.019	*0.070	0.061	0.050	0.043	0.037	0.030	0.024	0.017	0.091
0.4	-0.224	-0.152	-0.061	0.022	*0.104	0.087	0.074	0.063	0.052	0.039	0.030	0.060
0.5	-0.241	-0.169	-0.093	-0.017	0.057	*0.138	0.113	0.096	0.078	0.054	0.046	0.036
0.6	-0.248	-0.182	-0.115	-0.046	0.020	0.087	*0.151	0.137	0.113	0.089	0.069	0.016
0.7	-0.246	-0.189	-0.130	-0.070	-0.009	0.050	0.115	*0.185	0.154	0.122	0.096	-0.001
0.8	-0.241	-0.191	-0.139	-0.085	-0.033	0.019	0.078	0.139	*0.202	0.163	0.130	-0.013
0.9	-0.230	-0.185	-0.141	-0.096	-0.050	-0.004	0.044	0.098	0.154	*0.209	0.171	-0.023
1.0	-0.217	-0.180	-0.141	-0.109	-0.063	-0.024	0.019	0.065	0.113	0.163	*0.215	-0.029
1.2	-0.183	-0.158	-0.132	-0.108	-0.076	-0.050	-0.019	0.015	0.050	0.085	0.128	-0.036
1.4	-0.148	-0.135	-0.109	-0.096	-0.080	-0.061	-0.041	-0.017	0.007	0.031	0.061	-0.038
1.6	-0.113	-0.104	-0.094	-0.083	-0.074	-0.063	-0.050	-0.037	-0.020	-0.004	0.013	-0.036
1.8	-0.083	-0.076	-0.074	-0.068	-0.065	-0.059	-0.052	-0.044	-0.035	-0.026	-0.015	-0.034
2.0	-0.057	-0.056	-0.056	-0.054	-0.052	-0.052	-0.048	-0.044	-0.041	-0.037	-0.032	-0.031
2.2	-0.037	-0.037	-0.039	-0.041	-0.041	-0.043	-0.043	-0.041	-0.039	-0.039	-0.039	-0.027
2.4	-0.022	-0.024	-0.026	-0.028	-0.032	-0.033	-0.035	-0.035	-0.035	-0.037	-0.039	-0.022
2.6	-0.011	-0.013	-0.017	-0.014	-0.022	-0.022	-0.026	-0.026	-0.028	-0.032	-0.035	-0.018
2.8	-0.004	-0.006	-0.009	-0.011	-0.013	-0.017	-0.017	-0.019	-0.020	-0.024	-0.028	-0.015
3.0	0.000	-0.002	-0.006	-0.006	-0.007	-0.009	-0.011	-0.011	-0.011	-0.015	-0.020	-0.011

压力 $\overline{P}(\beta=0.075)$ 附表 B-6

α ξ	0.0	0.1	0.2	0.3	0.4	0.5	0.6	0.7	0.8	0.9	1.0	∞
0.0	*2.800	2.481	2.131	1.803	1.487	1.238	1.015	0.851	0.687	0.547	0.406	0.620
0.1	2.295	*2.064	1.814	1.575	1.332	1.125	0.927	0.762	0.615	0.469	0.341	0.605
0.2	1.876	1.716	*1.549	1.387	1.208	1.041	0.878	0.726	0.589	0.461	0.361	0.572
0.3	1.525	1.421	1.315	*1.203	1.092	0.970	0.844	0.714	0.594	0.485	0.388	0.536
0.4	1.229	1.170	1.111	1.046	*0.981	0.902	0.813	0.714	0.616	0.521	0.432	0.494
0.5	0.979	0.954	0.930	0.908	0.875	*0.832	0.779	0.712	0.638	0.561	0.484	0.460
0.6	0.768	0.769	0.771	0.772	0.772	0.761	*0.739	0.702	0.664	0.596	0.534	0.417
0.7	0.589	0.610	0.632	0.654	0.674	0.687	0.689	*0.678	0.655	0.623	0.581	0.369
0.8	0.439	0.474	0.510	0.546	0.582	0.612	0.635	0.646	*0.648	0.637	0.614	0.318
0.9	0.314	0.359	0.404	0.450	0.496	0.539	0.577	0.608	0.627	*0.633	0.627	0.266

续上表

ξ \ α	0.0	0.1	0.2	0.3	0.4	0.5	0.6	0.7	0.8	0.9	1.0	∞
1.0	0.209	0.261	0.313	0.365	0.413	0.469	0.516	0.555	0.591	0.616	*0.629	0.216
1.2	0.055	0.112	0.170	0.233	0.284	0.341	0.397	0.452	0.505	0.553	0.592	0.132
1.4	-0.043	0.012	0.068	0.123	0.179	0.234	0.292	0.348	0.401	0.458	0.510	0.071
1.6	-0.099	-0.050	0.000	0.050	0.100	0.151	0.204	0.256	0.309	0.362	0.415	0.031
1.8	-0.126	-0.084	-0.042	0.001	0.043	0.088	0.132	0.179	0.225	0.272	0.320	0.008
2.0	-0.132	-0.098	-0.064	-0.029	0.004	0.040	0.077	0.117	0.155	0.195	0.237	0.002
2.2	-0.125	-0.099	-0.072	-0.046	-0.020	0.007	0.036	0.067	0.099	0.133	0.167	-0.009
2.4	-0.111	-0.092	-0.072	-0.061	-0.034	-0.013	0.006	0.025	0.054	0.081	0.109	-0.011
2.6	-0.094	-0.080	-0.067	-0.054	-0.041	-0.026	-0.011	0.007	0.031	0.038	0.055	-0.011
2.8	-0.076	-0.068	-0.059	-0.051	-0.042	-0.034	-0.025	-0.016	-0.006	0.003	0.014	-0.010
3.0	-0.058	-0.054	-0.049	-0.046	-0.042	-0.040	-0.038	-0.035	-0.029	-0.021	-0.011	-0.008

剪力 $\overline{V}(\beta = 0.075)$ 附表 B-7

ξ \ α	0.0	0.1	0.2	0.3	0.4	0.5	0.6	0.7	0.8	0.9	1.0	∞
0.0	*0.000	0.000	0.000	0.000	0.000	0.000	0.000	0.000	0.000	0.000	0.000	-0.50
0.1	-0.744	*0.228	0.196	0.168	0.141	0.117	0.097	0.079	0.065	0.052	0.039	-0.439
0.2	-0.535	-0.584	*0.364	0.316	0.274	0.228	0.187	0.156	0.124	0.103	0.075	-0.391
0.3	-0.365	-0.426	-0.492	*0.445	0.383	0.326	0.274	0.226	0.184	0.146	0.112	-0.325
0.4	-0.228	-0.298	-0.372	-0.443	*0.480	0.419	0.356	0.297	0.244	0.196	0.147	-0.274
0.5	-0.117	-0.192	-0.269	-0.345	-0.421	*0.506	0.435	0.387	0.307	0.250	0.197	-0.225
0.6	-0.031	-0.107	-0.184	-0.261	-0.338	-0.141	*0.511	0.439	0.371	0.308	0.248	-0.181
0.7	0.037	-0.035	-0.115	-0.190	-0.266	-0.342	-0.418	*0.508	0.436	0.369	0.305	-0.142
0.8	0.089	0.017	-0.057	-0.130	-0.203	-0.277	-0.351	-0.425	*0.503	0.432	0.365	-0.106
0.9	0.125	0.058	-0.012	-0.080	-0.150	-0.219	-0.289	-0.362	-0.433	*0.496	0.426	-0.079
1.0	0.152	0.088	0.024	-0.040	-0.104	-0.169	-0.236	-0.304	-0.372	-0.441	*0.491	-0.054
1.2	0.177	0.125	0.071	0.019	-0.034	-0.088	-0.145	-0.203	-0.262	-0.317	-0.388	-0.020
1.4	0.177	0.131	0.095	0.054	0.012	-0.032	-0.063	-0.124	-0.172	-0.224	-0.277	0.004
1.6	0.163	0.132	0.101	0.071	0.039	0.007	-0.027	-0.073	-0.101	-0.141	-0.185	0.010
1.8	0.140	0.118	0.096	0.075	0.055	0.031	0.006	-0.020	-0.047	-0.078	-0.111	0.013
2.0	0.113	0.100	0.085	0.074	0.057	0.043	0.027	0.009	-0.009	-0.031	-0.055	0.015
2.2	0.088	0.079	0.072	0.065	0.056	0.048	0.089	0.028	0.016	-0.002	-0.015	0.013
2.4	0.064	0.061	0.057	0.054	0.050	0.047	0.042	0.037	0.031	0.027	0.012	0.011
2.6	0.044	0.044	0.043	0.044	0.043	0.043	0.041	0.040	0.038	0.034	0.028	0.009
2.8	0.027	0.029	0.030	0.033	0.035	0.036	0.038	0.038	0.039	0.041	0.036	0.007
3.0	0.013	0.017	0.020	0.023	0.026	0.030	0.032	0.033	0.036	0.037	0.036	0.004

附录 B 弹性地基梁计算表

沉陷 $\overline{Y}(\beta=0.075)$ 附表 B-8

ξ\α	0.0	0.1	0.2	0.3	0.4	0.5	0.6	0.7	0.8	0.9	1.0	∞
0.0	*4.31	3.84	3.40	2.97	2.57	2.20	1.85	1.55	1.27	1.04	0.85	1.37
0.1	3.84	*3.48	3.11	2.79	2.44	2.12	1.83	1.54	1.29	1.09	0.93	1.35
0.2	3.40	3.11	*2.85	2.59	2.32	2.05	1.80	1.56	1.35	1.16	1.00	1.32
0.3	2.97	2.79	2.59	*2.40	2.20	1.99	1.78	1.57	1.40	1.23	1.09	1.27
0.4	2.57	2.44	2.32	2.20	*2.07	1.92	1.76	1.59	1.44	1.29	1.16	1.21
0.5	2.20	2.12	2.05	1.99	1.92	*1.81	1.71	1.59	1.47	1.35	1.23	1.13
0.6	1.85	1.83	1.80	1.78	1.76	1.71	*1.65	1.56	1.49	1.39	1.29	1.05
0.7	1.55	1.54	1.56	1.57	1.59	1.59	1.56	*1.52	1.48	1.43	1.35	0.97
0.8	1.27	1.29	1.35	1.40	1.46	1.47	1.49	1.48	*1.48	1.45	1.41	0.89
0.9	1.04	1.09	1.16	1.23	1.29	1.35	1.39	1.43	1.45	*1.44	1.42	0.80
1.0	0.85	0.93	1.00	1.09	1.16	1.23	1.29	1.35	1.41	1.42	*1.44	0.73
1.2	0.49	0.59	0.68	0.80	0.89	0.97	1.08	1.15	1.25	1.31	1.32	0.60
1.4	0.27	0.36	0.45	0.57	0.67	0.76	0.87	0.96	1.07	1.15	1.24	0.48
1.6	0.09	0.20	0.29	0.40	0.49	0.57	0.69	0.77	0.88	0.96	1.08	0.35
1.8	0.00	0.09	0.17	0.27	0.35	0.44	0.53	0.61	0.72	0.80	0.89	0.26
2.0	-0.05	0.03	0.09	0.17	0.24	0.32	0.40	0.47	0.57	0.64	0.73	0.17
2.2	-0.07	-0.01	0.04	0.11	0.17	0.23	0.29	0.36	0.44	0.51	0.57	0.10
2.4	-0.07	-0.03	0.01	0.07	0.12	0.16	0.21	0.27	0.33	0.39	0.44	0.04
2.6	-0.06	-0.03	0.00	0.05	0.08	0.11	0.15	0.19	0.24	0.28	0.33	0.00
2.8	-0.05	-0.01	0.00	0.04	0.05	0.08	0.10	0.13	0.17	0.20	0.23	-0.03
3.0	-0.03	0.00	0.00	0.03	0.04	0.05	0.07	0.08	0.11	0.13	0.15	-0.07

弯矩 $\overline{M}(\beta=0.15)$ 附表 B-9

ξ\α	0.0	0.1	0.2	0.3	0.4	0.5	0.6	0.7	0.8	0.9	1.0	∞
0.0	*0.000	0.000	0.000	0.000	0.000	0.000	0.000	0.000	0.000	0.000	0.000	0.230
0.1	-0.087	*0.012	0.009	0.009	0.008	0.005	0.005	0.004	0.003	0.003	0.003	0.183
0.2	-0.152	-0.056	*0.037	0.033	0.029	0.024	0.020	0.017	0.014	0.012	0.010	0.141
0.3	-0.200	-0.110	-0.021	*0.070	0.061	0.052	0.044	0.037	0.031	0.026	0.020	0.105
0.4	-0.232	-0.148	-0.065	0.020	*0.105	0.090	0.077	0.066	0.055	0.046	0.036	0.072
0.5	-0.253	-0.176	-0.099	-0.021	0.058	*0.137	0.116	0.100	0.085	0.070	0.056	0.046
0.6	-0.265	-0.194	-0.124	-0.053	0.019	0.091	*0.165	0.139	0.120	0.100	0.081	0.024
0.7	-0.269	-0.205	-0.142	-0.077	-0.012	0.053	0.120	*0.191	0.163	0.137	0.110	0.006
0.8	-0.267	-0.210	-0.153	-0.096	-0.037	0.021	0.081	0.145	*0.210	0.178	0.147	-0.006
0.9	-0.259	-0.209	-0.158	-0.108	-0.057	-0.005	0.049	0.106	0.164	*0.225	0.190	-0.018

续上表

α\ξ	0.0	0.1	0.2	0.3	0.4	0.5	0.6	0.7	0.8	0.9	1.0	∞
1.0	-0.249	-0.205	-0.161	-0.116	-0.071	-0.026	0.022	0.072	0.124	0.179	*0.236	-0.025
1.2	-0.221	-0.188	-0.156	-0.122	-0.088	-0.054	-0.019	0.020	0.060	0.103	0.147	-0.033
1.4	-0.188	-0.165	-0.142	-0.118	-0.093	-0.069	-0.044	-0.015	0.014	0.047	0.080	-0.035
1.6	-0.154	-0.139	-0.124	-0.107	-0.091	-0.074	-0.056	-0.036	-0.016	0.007	0.031	-0.033
1.8	-0.122	-0.113	-0.103	-0.093	-0.083	-0.072	-0.061	-0.047	-0.034	-0.018	-0.002	-0.030
2.0	-0.093	-0.088	-0.083	-0.077	-0.072	-0.066	-0.059	-0.051	-0.043	-0.033	-0.022	-0.026
2.2	-0.068	-0.066	-0.065	-0.062	-0.059	-0.057	-0.053	-0.049	-0.044	-0.039	-0.032	-0.022
2.4	-0.047	-0.048	-0.048	-0.047	-0.047	-0.046	-0.045	-0.042	-0.041	-0.038	-0.035	-0.018
2.6	-0.031	-0.033	-0.034	-0.034	-0.035	-0.036	-0.035	-0.031	-0.034	-0.033	-0.032	-0.015
2.8	-0.018	-0.021	-0.023	-0.023	-0.024	-0.025	-0.026	-0.026	-0.026	-0.026	-0.026	-0.013
3.0	-0.010	-0.011	-0.014	-0.014	-0.015	-0.016	-0.017	-0.017	-0.017	-0.019	-0.019	-0.010

反压力 $\bar{P}(\beta=0.15)$ 附表 B-10

α\ξ	0.0	0.1	0.2	0.3	0.4	0.5	0.6	0.7	0.8	0.9	1.0	∞
0.0	*2.732	2.435	2.128	1.841	1.552	1.316	1.107	0.946	0.794	0.640	0.507	0.555
0.1	2.200	*1.981	1.773	1.562	1.351	1.159	0.975	0.827	0.687	0.557	0.446	0.548
0.2	1.781	1.635	*1.488	1.339	1.190	1.043	0.898	0.763	0.639	0.523	0.425	0.529
0.3	1.444	1.349	1.258	*1.154	1.055	0.949	0.838	0.727	0.619	0.520	0.432	0.503
0.4	1.173	1.115	1.057	0.998	*0.938	0.868	0.790	0.706	0.619	0.535	0.456	0.476
0.5	0.948	0.918	0.890	0.861	0.831	*0.793	0.745	0.687	0.624	0.557	0.490	0.452
0.6	0.761	0.753	0.746	0.741	0.733	0.720	*0.698	0.666	0.624	0.575	0.522	0.426
0.7	0.604	0.613	0.623	0.634	0.644	0.649	0.647	*0.636	0.615	0.586	0.550	0.393
0.8	0.471	0.493	0.515	0.538	0.561	0.581	0.594	0.603	*0.597	0.590	0.570	0.352
0.9	0.357	0.389	0.419	0.453	0.484	0.516	0.543	0.565	0.578	*0.582	0.576	0.302
1.0	0.264	0.302	0.339	0.380	0.416	0.454	0.486	0.520	0.545	0.564	*0.573	0.252
1.2	0.118	0.163	0.208	0.252	0.297	0.341	0.385	0.428	0.469	0.508	0.539	0.155
1.4	0.019	0.065	0.111	0.157	0.203	0.249	0.299	0.340	0.385	0.433	0.471	0.081
1.6	-0.046	-0.003	0.041	0.085	0.129	0.173	0.217	0.261	0.305	0.330	0.394	0.035
1.8	-0.083	-0.045	-0.007	0.034	0.072	0.112	0.153	0.194	0.234	0.278	0.316	0.009
2.0	-0.102	-0.069	-0.037	-0.002	0.031	0.065	0.101	0.137	0.173	0.210	0.246	-0.003
2.2	-0.109	-0.081	-0.054	-0.026	0.002	0.030	0.059	0.090	0.121	0.153	0.186	-0.009
2.4	-0.105	-0.083	-0.061	-0.039	-0.016	0.005	0.028	0.051	0.077	0.105	0.132	-0.011
2.6	-0.097	-0.083	-0.064	-0.047	-0.030	-0.013	0.004	0.024	0.042	0.062	0.080	-0.011
2.8	-0.087	-0.081	-0.063	-0.050	-0.039	-0.027	-0.014	-0.001	0.012	0.024	0.036	-0.010
3.0	-0.076	-0.075	-0.061	-0.053	-0.046	-0.040	-0.032	-0.025	-0.017	-0.007	0.003	-0.008

剪力 $\overline{V}(\beta=0.15)$ 附表 B-11

α ξ	0.0	0.1	0.2	0.3	0.4	0.5	0.6	0.7	0.8	0.9	1.0	∞
0.0	*0.000	0.000	0.000	0.000	0.000	0.000	0.000	0.000	0.000	0.000	0.000	-0.50
0.1	-0.755	*0.219	0.196	0.168	0.144	0.124	0.104	0.089	0.074	0.062	0.046	-0.445
0.2	-0.556	-0.600	*0.358	0.313	0.271	0.234	0.198	0.168	0.140	0.116	0.090	-0.391
0.3	-0.395	-0.454	-0.505	*0.439	0.384	0.334	0.285	0.242	0.203	0.167	0.133	-0.339
0.4	-0.265	-0.328	-0.390	-0.454	*0.483	0.424	0.366	0.313	0.264	0.219	0.177	-0.290
0.5	-0.159	-0.226	-0.293	-0.361	-0.428	*0.507	0.443	0.382	0.326	0.273	0.224	-0.244
0.6	-0.075	-0.143	-0.211	-0.281	-0.350	-0.417	*0.515	0.450	0.388	0.329	0.275	-0.200
0.7	-0.007	-0.075	-0.143	-0.213	-0.280	-0.349	-0.418	*0.515	0.451	0.388	0.329	-0.159
0.8	0.047	-0.020	-0.086	-0.154	-0.221	-0.287	-0.356	-0.423	*0.512	0.447	0.385	-0.123
0.9	0.088	0.024	-0.040	-0.104	-0.169	-0.232	-0.299	-0.364	-0.429	*0.506	0.442	-0.090
1.0	0.119	0.059	-0.002	-0.063	-0.123	-0.184	-0.248	-0.311	-0.373	-0.436	*0.501	-0.060
1.2	0.157	0.105	0.052	0.000	-0.053	-0.105	-0.160	-0.215	-0.272	-0.330	-0.389	-0.021
1.4	0.170	0.126	0.083	0.040	-0.003	-0.047	-0.093	-0.139	-0.187	-0.236	-0.287	0.003
1.6	0.167	0.132	0.099	0.064	0.030	-0.005	-0.042	-0.079	-0.118	-0.158	-0.201	0.017
1.8	0.153	0.128	0.102	0.075	0.050	0.023	-0.005	-0.034	-0.064	-0.096	-0.130	0.020
2.0	0.134	0.116	0.097	0.078	0.060	0.041	0.021	-0.001	-0.023	-0.047	-0.074	0.019
2.2	0.114	0.102	0.088	0.076	0.063	0.061	0.037	0.022	0.016	-0.011	-0.030	0.018
2.4	0.092	0.084	0.076	0.069	0.061	0.054	0.045	0.036	0.026	0.014	0.001	0.015
2.6	0.072	0.068	0.064	0.060	0.056	0.053	0.048	0.043	0.037	0.030	0.022	0.012
2.8	0.053	0.052	0.052	0.050	0.049	0.049	0.047	0.045	0.043	0.039	0.034	0.010
3.0	0.037	0.037	0.039	0.040	0.041	0.042	0.043	0.043	0.042	0.040	0.038	0.009

沉陷 $\overline{Y}(\beta=0.15)$ 附表 B-12

α ξ	0.0	0.1	0.2	0.3	0.4	0.5	0.6	0.7	0.8	0.9	1.0	∞
0.0	*3.04	2.75	2.48	2.21	1.96	1.72	1.50	1.30	1.11	0.95	0.79	1.07
0.1	2.75	*2.53	2.31	2.09	1.87	1.67	1.47	1.30	1.13	0.98	0.84	1.06
0.2	2.48	2.31	*2.12	1.95	1.77	1.60	1.44	1.29	1.14	1.00	0.88	1.04
0.3	2.21	2.09	1.95	*1.81	1.67	1.54	1.41	1.27	1.15	1.03	0.92	1.01
0.4	1.96	1.87	1.77	1.67	*1.59	1.49	1.38	1.27	1.17	1.06	0.97	0.98
0.5	1.72	1.67	1.60	1.54	1.49	*1.41	1.33	1.25	1.17	1.08	1.00	0.95
0.6	1.50	1.47	1.44	1.41	1.38	1.33	*1.29	1.24	1.17	1.11	1.03	0.89
0.7	1.30	1.30	1.29	1.27	1.27	1.25	1.24	*1.21	1.17	1.11	1.06	0.85
0.8	1.11	1.13	1.14	1.15	1.17	1.17	1.17	1.17	*1.14	1.11	1.07	0.80
0.9	0.95	0.98	1.00	1.08	1.06	1.08	1.11	1.11	1.11	*1.11	1.09	0.76

续上表

ξ \ α	0.0	0.1	0.2	0.3	0.4	0.5	0.6	0.7	0.8	0.9	1.0	∞
1.0	0.79	0.84	0.88	0.92	0.97	1.00	1.03	1.06	1.07	1.09	*1.09	0.65
1.2	0.55	0.61	0.66	0.72	0.78	0.83	0.89	0.93	0.97	1.01	1.05	0.55
1.4	0.36	0.43	0.49	0.55	0.62	0.68	0.75	0.81	0.86	0.91	0.97	0.46
1.6	0.22	0.29	0.35	0.41	0.49	0.55	0.62	0.68	0.74	0.80	0.86	0.36
1.8	0.12	0.18	0.24	0.31	0.37	0.43	0.50	0.56	0.62	0.68	0.75	0.28
2.0	0.05	0.11	0.17	0.22	0.28	0.34	0.40	0.46	0.51	0.57	0.63	0.21
2.2	0.01	0.06	0.11	0.16	0.21	0.26	0.32	0.37	0.42	0.47	0.53	0.15
2.4	-0.01	0.03	0.07	0.11	0.16	0.20	0.25	0.29	0.33	0.37	0.43	0.10
2.6	-0.02	0.01	0.05	0.08	0.11	0.14	0.19	0.23	0.26	0.29	0.34	0.05
2.8	-0.02	0.00	0.03	0.05	0.09	0.11	0.14	0.17	0.19	0.22	0.26	0.02
3.0	-0.01	-0.01	0.02	0.04	0.06	0.08	0.11	0.12	0.13	0.15	0.13	-0.01

弯矩 $\overline{M}(\beta=0.30)$　　　　　附表 B-13

ξ \ α	0.0	0.2	0.4	0.6	0.8	1.0	1.2	1.4	1.6	1.8	2.0	∞
0.0	*0.000	0.000	0.000	0.000	0.000	0.000	0.000	0.000	0.000	0.000	0.000	0.282
0.2	-0.159	*0.034	0.026	0.019	0.012	0.008	0.005	0.005	0.005	0.004	0.003	0.192
0.4	-0.252	-0.077	*0.096	0.073	0.049	0.028	0.022	0.019	0.016	0.012	0.007	0.120
0.6	-0.296	-0.145	0.005	*0.159	0.112	0.079	0.053	0.041	0.031	0.021	0.012	0.066
0.8	-0.310	-0.182	-0.057	0.073	*0.202	0.146	0.103	0.075	0.053	0.033	0.017	0.026
1.0	-0.300	-0.196	-0.095	0.011	0.115	*0.237	0.172	0.125	0.087	0.054	0.026	-0.002
1.2	-0.280	-0.194	-0.115	-0.032	0.050	0.149	*0.262	0.193	0.136	0.086	0.044	-0.022
1.4	-0.246	-0.183	-0.123	-0.067	0.003	0.081	0.172	*0.281	0.202	0.133	0.077	-0.033
1.6	-0.212	-0.166	-0.120	-0.075	-0.036	0.030	0.101	0.189	*0.289	0.200	0.124	-0.039
1.8	-0.178	-0.145	-0.114	-0.081	-0.049	-0.006	0.047	0.115	0.195	*0.286	0.191	-0.041
2.0	-0.146	-0.124	-0.110	-0.082	-0.060	-0.031	0.010	0.058	0.120	0.191	*0.277	-0.041
2.2	-0.117	-0.104	-0.091	-0.078	-0.065	-0.045	-0.020	0.018	0.062	0.116	0.189	-0.039
2.4	-0.090	-0.084	-0.078	-0.072	-0.065	-0.054	-0.037	-0.012	0.020	0.059	0.110	-0.037
2.6	-0.068	-0.067	-0.065	-0.064	-0.062	-0.058	-0.047	-0.031	-0.010	0.017	0.055	-0.033
2.8	-0.050	-0.051	-0.054	-0.055	-0.057	-0.056	-0.052	-0.043	-0.031	-0.013	0.013	-0.030
3.0	-0.035	-0.039	-0.043	-0.047	-0.051	-0.053	-0.053	-0.049	-0.043	-0.032	-0.015	-0.027
3.2	-0.023	-0.027	-0.033	-0.039	-0.044	-0.048	-0.050	-0.051	-0.049	-0.044	-0.034	-0.023
3.4	-0.013	-0.019	-0.025	-0.031	-0.037	-0.042	-0.047	-0.050	-0.050	-0.049	-0.044	-0.020
3.6	-0.007	-0.013	-0.019	-0.025	-0.031	-0.036	-0.041	-0.046	-0.049	-0.050	-0.049	-0.018
3.8	-0.002	-0.008	-0.013	-0.019	-0.025	-0.030	-0.036	-0.041	-0.045	-0.049	-0.050	-0.015
4.0	0.001	-0.004	-0.009	-0.015	-0.020	-0.025	-0.030	-0.035	-0.040	-0.045	-0.048	-0.013

反压力 $\overline{P}(\beta=0.30)$ 附表 B-14

α ξ	0.0	0.2	0.4	0.6	0.8	1.0	1.2	1.4	1.6	1.8	2.0	∞
0.0	*2.25	1.81	1.34	0.95	0.54	0.34	0.24	0.28	0.31	0.28	0.13	0.49
0.2	1.65	*1.55	1.14	0.89	0.64	0.44	0.29	0.20	0.13	0.07	0.03	0.47
0.4	1.18	1.06	*0.94	0.80	0.67	0.52	0.37	0.23	0.11	0.03	0.02	0.43
0.6	0.82	0.78	0.75	*0.70	0.65	0.56	0.45	0.30	0.18	0.09	0.02	0.36
0.8	0.54	0.56	0.58	0.59	*0.60	0.57	0.50	0.39	0.28	0.19	0.11	0.30
1.0	0.34	0.37	0.44	0.49	0.53	*0.54	0.52	0.45	0.38	0.30	0.22	0.23
1.2	0.19	0.25	0.32	0.39	0.47	0.49	*0.51	0.49	0.45	0.39	0.33	0.17
1.4	0.08	0.15	0.22	0.30	0.37	0.43	0.48	*0.50	0.49	0.46	0.42	0.13
1.6	0.00	0.07	0.14	0.22	0.29	0.36	0.43	0.47	*0.50	0.50	0.48	0.09
1.8	-0.04	0.02	0.08	0.15	0.22	0.30	0.37	0.43	0.48	*0.50	0.51	0.06
2.0	-0.08	-0.02	0.04	0.10	0.16	0.23	0.30	0.37	0.43	0.48	*0.51	0.04
2.2	-0.09	-0.03	0.01	0.06	0.12	0.18	0.24	0.31	0.38	0.44	0.48	0.02
2.4	-0.09	-0.05	-0.01	0.03	0.08	0.13	0.18	0.25	0.31	0.38	0.44	0.01
2.6	-0.09	-0.06	-0.02	0.01	0.05	0.09	0.14	0.19	0.25	0.32	0.38	0.00
2.8	-0.09	-0.06	-0.03	0.00	0.03	0.06	0.10	0.14	0.20	0.25	0.32	0.00
3.0	-0.08	-0.05	-0.03	-0.01	0.01	0.04	0.07	0.10	0.15	0.20	0.25	0.00
3.2	-0.07	-0.05	-0.04	-0.02	0.00	0.02	0.04	0.07	0.11	0.15	0.19	-0.01
3.4	-0.06	-0.05	-0.04	-0.02	-0.01	0.01	0.03	0.05	0.08	0.10	0.14	-0.01
3.6	-0.05	-0.04	-0.03	-0.02	-0.01	0.00	0.01	0.03	0.05	0.07	0.10	-0.01
3.8	-0.04	-0.03	-0.03	-0.02	-0.02	-0.01	0.00	0.02	0.03	0.05	0.07	-0.01
4.0	-0.03	-0.03	-0.03	-0.02	-0.02	-0.01	0.00	0.01	0.02	0.03	0.05	-0.01

剪力 $\overline{V}(\beta=0.30)$ 附表 B-15

α ξ	0.0	0.2	0.4	0.6	0.8	1.0	1.2	1.4	1.6	1.8	2.0	∞
0.0	*0.000	0.000	0.000	0.000	0.000	0.000	0.000	0.000	0.000	0.000	0.000	-0.50
0.2	-0.612	*0.321	0.246	0.184	0.119	0.078	0.051	0.046	0.040	0.032	0.020	-0.403
0.4	-0.331	-0.435	*0.454	0.353	0.224	0.174	0.118	0.099	0.062	0.041	0.021	-0.313
0.6	-0.133	-0.253	-0.377	*0.503	0.384	0.256	0.200	0.148	0.091	0.052	0.020	-0.234
0.8	-0.001	-0.120	-0.244	-0.368	*0.510	0.397	0.296	0.210	0.137	0.079	0.032	-0.168
1.0	0.088	-0.026	-0.142	-0.260	-0.376	*0.508	0.397	0.294	0.203	0.128	0.065	-0.115
1.2	0.139	0.036	-0.066	-0.173	-0.277	-0.388	*0.500	0.390	0.283	0.197	0.121	-0.074
1.4	0.165	0.076	-0.013	-0.105	-0.195	-0.295	-0.400	*0.489	0.381	0.284	0.195	-0.043
1.6	0.173	0.097	0.023	-0.053	-0.129	-0.215	-0.310	-0.411	*0.481	0.380	0.285	-0.025
1.8	0.162	0.105	0.046	-0.016	-0.078	-0.149	-0.231	-0.323	-0.421	*0.481	0.384	-0.005

续上表

ξ \ α	0.0	0.2	0.4	0.6	0.8	1.0	1.2	1.4	1.6	1.8	2.0	∞
2.0	0.156	0.106	0.057	0.009	-0.039	-0.096	-0.164	-0.243	-0.330	-0.421	*0.486	0.006
2.2	0.140	0.101	0.064	0.026	-0.011	-0.056	-0.110	-0.174	-0.248	-0.329	-0.417	0.012
2.4	0.120	0.092	0.064	0.037	0.009	-0.025	-0.067	-0.118	-0.181	-0.246	-0.323	0.016
2.6	0.101	0.082	0.062	0.040	0.022	-0.004	-0.036	-0.076	-0.125	-0.177	-0.241	0.017
2.8	0.084	0.070	0.057	0.042	0.029	0.012	-0.012	-0.042	-0.078	-0.121	-0.176	0.017
3.0	0.066	0.058	0.051	0.040	0.033	0.022	-0.005	-0.016	-0.043	-0.076	-0.116	0.016
3.2	0.052	0.047	0.044	0.037	0.034	0.027	0.016	0.001	-0.014	-0.041	-0.071	0.015
3.4	0.039	0.038	0.036	0.033	0.033	0.030	0.023	0.014	0.001	-0.015	-0.037	0.014
3.6	0.029	0.029	0.029	0.029	0.031	0.030	0.027	0.022	0.013	0.002	-0.014	0.013
3.8	0.020	0.022	0.023	0.025	0.027	0.030	0.029	0.028	0.022	0.014	0.003	0.011
4.0	0.015	0.016	0.017	0.021	0.024	0.028	0.029	0.030	0.026	0.022	0.014	0.010

沉陷 $\overline{Y}(\beta=0.30)$ 附表 B-16

ξ \ α	0.0	0.2	0.4	0.6	0.8	1.0	1.2	1.4	1.6	1.8	2.0	∞
0.0	*2.29	1.92	1.56	1.25	1.01	0.78	0.57	0.40	0.28	0.19	0.12	0.78
0.2	1.92	*1.66	1.40	1.14	0.99	0.80	0.62	0.46	0.35	0.27	0.22	0.77
0.4	1.56	1.40	*1.24	1.09	0.97	0.82	0.66	0.52	0.40	0.33	0.29	0.72
0.6	1.25	1.14	1.09	*1.03	0.95	0.84	0.72	0.61	0.50	0.43	0.38	0.66
0.8	1.01	0.99	0.97	0.95	*0.92	0.86	0.77	0.67	0.58	0.51	0.46	0.60
1.0	0.78	0.80	0.82	0.84	0.86	*0.84	0.80	0.73	0.65	0.59	0.54	0.53
1.2	0.57	0.62	0.66	0.72	0.77	0.80	*0.79	0.76	0.71	0.65	0.61	0.45
1.4	0.40	0.46	0.52	0.61	0.67	0.73	0.76	*0.77	0.75	0.71	0.67	0.39
1.6	0.28	0.35	0.40	0.50	0.58	0.65	0.71	0.75	*0.76	0.75	0.72	0.32
1.8	0.19	0.27	0.33	0.43	0.51	0.59	0.65	0.71	0.75	*0.78	0.77	0.26
2.0	0.12	0.22	0.29	0.38	0.46	0.54	0.61	0.67	0.72	0.77	*0.79	0.21
2.2	0.07	0.16	0.22	0.31	0.38	0.45	0.52	0.59	0.66	0.72	0.77	0.16
2.4	0.03	0.12	0.17	0.25	0.31	0.38	0.45	0.52	0.59	0.66	0.72	0.12
2.6	0.00	0.08	0.14	0.21	0.26	0.33	0.39	0.46	0.53	0.60	0.66	0.08
2.8	-0.01	0.06	0.11	0.17	0.22	0.27	0.33	0.40	0.46	0.53	0.60	0.05
3.0	-0.01	0.04	0.09	0.14	0.18	0.23	0.28	0.34	0.40	0.46	0.53	0.02
3.2	-0.01	0.02	0.07	0.12	0.15	0.20	0.24	0.29	0.34	0.40	0.46	0.00
3.4	-0.01	0.01	0.05	0.10	0.13	0.17	0.20	0.25	0.29	0.34	0.39	-0.02
3.6	-0.01	0.00	0.04	0.09	0.11	0.14	0.17	0.21	0.25	0.29	0.34	-0.04
3.8	0.00	0.00	0.03	0.07	0.10	0.12	0.15	0.18	0.21	0.25	0.28	-0.06
4.0	0.00	0.00	0.02	0.06	0.09	0.11	0.13	0.16	0.18	0.21	0.24	-0.07

弯矩 $\overline{M}(\beta=0.50)$

附表 B-17

α ξ	0.0	0.2	0.4	0.6	0.8	1.0	1.2	1.4	1.6	1.8	2.0	∞
0.0	*0.000	0.000	0.000	0.000	0.000	0.000	0.000	0.000	0.000	0.000	0.000	0.300
0.2	-0.159	*0.034	0.026	0.020	0.013	0.009	0.005	0.004	0.003	0.002	0.001	0.207
0.4	-0.253	-0.076	*0.099	0.077	0.053	0.036	0.023	0.017	0.011	0.008	0.004	0.135
0.6	-0.300	-0.144	0.009	*0.165	0.121	0.085	0.057	0.039	0.025	0.019	0.006	0.075
0.8	-0.316	-0.183	-0.052	0.081	*0.217	0.156	0.108	0.074	0.048	0.027	0.012	0.033
1.0	-0.310	-0.199	-0.091	0.019	0.128	*0.250	0.180	0.126	0.083	0.049	0.023	0.001
1.2	-0.291	-0.201	-0.113	-0.025	0.064	0.162	*0.272	0.207	0.134	0.084	0.043	-0.020
1.4	-0.264	-0.192	-0.123	-0.053	0.016	0.094	0.183	*0.287	0.204	0.135	0.078	-0.033
1.6	-0.232	-0.177	-0.124	-0.071	-0.018	0.042	0.113	0.197	*0.293	0.204	0.129	-0.041
1.8	-0.200	-0.156	-0.119	-0.080	-0.041	0.005	0.058	0.124	0.201	*0.293	0.198	-0.044
2.0	-0.169	-0.139	-0.111	-0.082	-0.055	-0.022	0.018	0.068	0.128	0.201	*0.288	-0.045
2.2	-0.140	-0.120	-0.101	-0.081	-0.062	-0.039	-0.011	0.026	0.071	0.127	0.196	-0.044
2.4	-0.114	-0.101	-0.089	-0.077	-0.065	-0.050	-0.030	-0.006	0.028	0.070	0.126	-0.043
2.6	-0.091	-0.083	-0.077	-0.070	-0.064	-0.055	-0.043	-0.025	-0.003	0.028	0.067	-0.029
2.8	-0.070	-0.068	-0.066	-0.063	-0.061	-0.057	-0.051	-0.040	-0.024	-0.004	0.024	-0.017
3.0	-0.053	-0.054	-0.055	-0.055	-0.056	-0.056	-0.053	-0.047	-0.039	-0.025	-0.006	-0.012
3.2	-0.039	-0.042	-0.045	-0.048	-0.051	-0.053	-0.054	-0.051	-0.046	-0.039	-0.027	-0.009
3.4	-0.028	-0.032	-0.036	-0.041	-0.045	-0.048	-0.051	-0.051	-0.050	-0.046	-0.039	-0.009
3.6	-0.019	-0.024	-0.029	-0.034	-0.038	-0.043	-0.047	-0.049	-0.050	-0.050	-0.046	-0.008
3.8	-0.012	-0.017	-0.022	-0.028	-0.033	-0.038	-0.042	-0.046	-0.049	-0.050	-0.049	-0.008
4.0	-0.007	-0.012	-0.017	-0.022	-0.027	-0.032	-0.037	-0.041	-0.045	-0.048	-0.049	-0.008

反压力 $\overline{P}(\beta=0.50)$

附表 B-18

α ξ	0.0	0.2	0.4	0.6	0.8	1.0	1.2	1.4	1.6	1.8	2.0	∞
0.0	*2.27	1.86	1.43	1.04	0.64	0.39	0.24	0.22	0.21	0.18	0.14	0.44
0.2	1.63	*1.39	1.15	0.92	0.68	0.48	0.31	0.19	0.11	0.05	0.01	0.43
0.4	1.15	0.96	*0.92	0.80	0.67	0.53	0.39	0.25	0.14	0.05	0.00	0.40
0.6	0.79	0.75	0.72	*0.68	0.64	0.56	0.46	0.33	0.22	0.12	0.05	0.36
0.8	0.53	0.54	0.55	0.56	*0.57	0.55	0.50	0.41	0.32	0.23	0.10	0.31
1.0	0.38	0.37	0.42	0.46	0.50	*0.52	0.51	0.47	0.40	0.33	0.25	0.25
1.2	0.20	0.25	0.30	0.37	0.42	0.47	*0.40	0.49	0.46	0.41	0.34	0.20
1.4	0.09	0.15	0.22	0.28	0.35	0.41	0.46	*0.48	0.49	0.46	0.42	0.14
1.6	0.02	0.09	0.15	0.21	0.28	0.34	0.41	0.46	*0.48	0.49	0.47	0.10
1.8	-0.02	0.04	0.09	0.15	0.22	0.28	0.35	0.41	0.46	*0.48	0.49	0.07

续上表

ξ \ α	0.0	0.2	0.4	0.6	0.8	1.0	1.2	1.4	1.6	1.8	2.0	∞
2.0	-0.05	0.00	0.06	0.11	0.16	0.22	0.29	0.35	0.40	0.46	*0.49	0.04
2.2	-0.07	-0.03	0.03	0.07	0.12	0.17	0.23	0.29	0.35	0.41	0.46	0.02
2.4	-0.08	-0.04	0.01	0.04	0.09	0.14	0.18	0.23	0.29	0.36	0.41	0.00
2.6	-0.08	-0.05	-0.01	0.02	0.06	0.10	0.14	0.19	0.25	0.30	0.35	0.00
2.8	-0.07	-0.05	-0.02	0.01	0.04	0.06	0.10	0.14	0.19	0.24	0.30	0.00
3.0	-0.07	-0.05	-0.02	0.00	0.02	0.06	0.07	0.11	0.15	0.19	0.24	-0.01
3.2	-0.07	-0.05	-0.03	-0.01	0.01	0.03	0.05	0.08	0.11	0.15	0.19	-0.01
3.4	-0.06	-0.04	-0.03	-0.01	0.00	0.02	0.04	0.06	0.08	0.10	0.14	-0.01
3.6	-0.05	-0.04	-0.03	-0.02	-0.01	0.01	0.02	0.04	0.06	0.08	0.10	-0.01
3.8	-0.04	-0.03	-0.03	-0.02	-0.01	0.00	0.01	0.03	0.04	0.06	0.08	-0.01
4.0	-0.03	-0.03	-0.03	-0.02	-0.01	0.00	0.01	0.02	0.03	0.04	0.06	0.00

剪力 $\overline{V}(\beta=0.50)$ 附表 B-19

ξ \ α	0.0	0.2	0.4	0.6	0.8	1.0	1.2	1.4	1.6	1.8	2.0	∞
0.0	*0.000	0.000	0.000	0.000	0.000	0.000	0.000	0.000	0.000	0.000	0.000	-0.50
0.2	-0.614	*0.323	0.258	0.196	0.133	0.088	0.055	0.039	0.029	0.020	0.014	-0.411
0.4	-0.339	-0.436	*0.464	0.367	0.269	0.189	0.126	0.083	0.053	0.030	0.013	-0.329
0.6	-0.147	-0.258	-0.372	*0.514	0.400	0.299	0.211	0.142	0.088	0.047	0.018	-0.252
0.8	-0.017	-0.127	-0.245	-0.362	*0.522	0.410	0.307	0.218	0.142	0.082	0.036	-0.186
1.0	0.068	-0.040	-0.149	-0.260	-0.371	*0.516	0.408	0.305	0.214	0.137	0.075	-0.130
1.2	0.120	0.021	-0.075	-0.178	-0.278	-0.384	*0.509	0.401	0.302	0.211	0.134	-0.085
1.4	0.149	0.061	-0.026	-0.113	-0.202	-0.296	-0.396	*0.499	0.397	0.299	0.211	-0.050
1.6	0.160	0.084	0.010	-0.064	-0.140	-0.221	-0.310	-0.406	*0.494	0.395	0.300	-0.027
1.8	0.160	0.096	0.034	-0.028	-0.090	-0.159	-0.235	-0.320	-0.412	*0.493	0.397	-0.011
2.0	0.152	0.100	0.048	-0.001	-0.053	-0.108	-0.171	-0.243	-0.325	-0.413	*0.495	0.000
2.2	0.139	0.097	0.056	0.016	-0.025	-0.069	-0.119	-0.179	-0.247	-0.325	-0.410	0.006
2.4	0.124	0.092	0.059	0.028	-0.004	-0.039	-0.080	-0.126	-0.182	-0.248	-0.322	0.009
2.6	0.109	0.083	0.060	0.035	0.011	-0.016	-0.047	-0.086	-0.130	-0.183	-0.244	0.010
2.8	0.092	0.074	0.056	0.038	0.021	0.001	-0.023	-0.051	-0.087	-0.129	-0.178	0.009
3.0	0.077	0.064	0.052	0.039	0.027	0.012	-0.006	-0.028	-0.053	-0.086	-0.125	0.008
3.2	0.063	0.055	0.047	0.038	0.031	0.019	0.007	-0.009	-0.028	-0.052	-0.082	0.007
3.4	0.050	0.045	0.041	0.035	0.031	0.024	0.016	0.004	-0.009	-0.027	-0.049	0.005
3.6	0.040	0.037	0.035	0.032	0.030	0.026	0.021	0.014	0.004	-0.008	-0.025	0.004
3.8	0.031	0.030	0.029	0.029	0.028	0.027	0.025	0.021	0.014	0.005	-0.007	0.003
4.0	0.023	0.023	0.023	0.025	0.025	0.027	0.027	0.025	0.021	0.014	0.006	0.002

沉陷 $\overline{Y}(\beta=0.50)$ 附表 B-20

α\ξ	0.0	0.2	0.4	0.6	0.8	1.0	1.2	1.4	1.6	1.8	2.0	∞
0.0	*1.69	1.43	1.21	1.01	0.82	0.66	0.52	0.40	0.31	0.24	0.20	0.60
0.2	1.43	*1.25	1.08	0.94	0.78	0.66	0.54	0.44	0.36	0.29	0.24	0.59
0.4	1.21	1.08	*0.97	0.87	0.76	0.66	0.56	0.48	0.40	0.34	0.28	0.56
0.6	1.01	0.94	0.87	*0.80	0.73	0.66	0.59	0.51	0.45	0.39	0.32	0.52
0.8	0.82	0.78	0.76	0.73	*0.71	0.66	0.61	0.54	0.50	0.44	0.39	0.47
1.0	0.66	0.66	0.66	0.66	0.66	*0.65	0.62	0.57	0.54	0.49	0.44	0.43
1.2	0.52	0.54	0.56	0.59	0.61	0.62	*0.62	0.60	0.57	0.53	0.48	0.38
1.4	0.40	0.44	0.48	0.51	0.54	0.57	0.60	*0.60	0.59	0.56	0.53	0.33
1.6	0.31	0.36	0.40	0.45	0.50	0.54	0.57	0.59	*0.60	0.59	0.57	0.28
1.8	0.24	0.29	0.34	0.39	0.44	0.49	0.53	0.56	0.59	*0.61	0.60	0.24
2.0	0.20	0.24	0.28	0.32	0.39	0.44	0.48	0.53	0.57	0.60	*0.61	0.20
2.2	0.16	0.19	0.24	0.29	0.34	0.39	0.43	0.48	0.52	0.57	0.60	0.16
2.4	0.13	0.15	0.20	0.24	0.29	0.34	0.39	0.43	0.48	0.52	0.57	0.12
2.6	0.10	0.13	0.16	0.21	0.25	0.30	0.34	0.39	0.44	0.48	0.53	0.09
2.8	0.08	0.11	0.14	0.18	0.22	0.26	0.30	0.34	0.39	0.44	0.49	0.05
3.0	0.07	0.09	0.12	0.15	0.19	0.23	0.26	0.30	0.34	0.39	0.44	0.03
3.2	0.06	0.08	0.10	0.13	0.16	0.20	0.23	0.27	0.30	0.35	0.39	0.00
3.4	0.05	0.07	0.09	0.12	0.14	0.17	0.20	0.23	0.27	0.31	0.35	−0.03
3.6	0.04	0.06	0.08	0.10	0.12	0.15	0.18	0.20	0.23	0.27	0.30	−0.05
3.8	0.03	0.05	0.07	0.09	0.11	0.13	0.15	0.18	0.20	0.23	0.27	−0.07
4.0	0.02	0.04	0.06	0.08	0.10	0.12	0.14	0.16	0.18	0.20	0.23	−0.09

参考文献

[1] 管枫年,洪仁济,徐尚壁.涵洞[M].北京:水利电力出版社,1983.
[2] 熊启钧.涵洞[M].北京:中国水利水电出版社,2006.
[3] 顾克明,苏清洪,赵嘉行.公路桥涵设计手册 涵洞[M].北京:人民交通出版社,2001.
[4] 谢永利,刘保健,杨晓华.公路涵洞工程[M].北京:人民交通出版社,2009.
[5] 叶列平.混凝土结构(上册)[M].北京:中国建筑工业出版社,2012.
[6] 徐有邻.混凝土结构设计原理及修订规范的应用[M].北京:清华大学出版社,2012.
[7] 上海市政工程设计院,等.给水排水工程结构设计手册[M].北京:中国建筑工业出版社,1984.
[8] 岑国平.机场排水设计[M].北京:人民交通出版社,2002.
[9] 中华人民共和国国家军用标准.GJB 1230A—2012 军用机场排水工程设计规范[S].2012.
[10] 中华人民共和国国家标准.GB 50010—2010 混凝土结构设计规范[S].北京:中国建筑工业出版社,2010.
[11] 中华人民共和国国家标准.GB 50332—2002 给水排水工程管道结构设计规范[S].北京:中国建筑工业出版社,2002.
[12] 中华人民共和国行业标准.JTG D60—2004 公路桥涵设计通用规范[S].北京:人民交通出版社,2004.
[13] 中华人民共和国行业标准.JTG D61—2005 公路圬工桥涵设计规范[S].北京:人民交通出版社,2005.
[14] 中华人民共和国行业标准.JTG D62—2004 公路钢筋混凝土及预应力混凝土桥涵设计规范[S].北京:人民交通出版社,2004.
[15] 中华人民共和国行业标准.JTG/T D65-04—2007 公路涵洞设计细则[S].北京:人民交通出版社,2007.
[16] 中华人民共和国行业标准.JT/GQ13 003—2003 公路桥涵标准图(公路钢筋混凝土盖板涵标准图)[S].北京:人民交通出版社,2003.
[17] 中华人民共和国行业标准.JT/GQ13 016—2000 公路桥涵标准图(单孔钢筋混凝土箱涵标准图)[S].北京:人民交通出版社,2000.
[18] 河北省交通规划设计院.公路小桥涵手册[M].北京:人民交通出版社,1995.
[19] 冯忠居,乌延玲,等.公路涵洞新技术——钢波纹管涵洞工程特性及应用[M].北京:人民交通出版社,2013.
[20] 桑玉书,余定选.盖板沟结构计算的空间有限元方法[J].空军工程建设,1992(增刊).
[21] 徐浩,岑国平,等.机场排水结构物计算机辅助设计[J].空军工程大学学报,2001(6).
[22] 顾安全,郭婷婷,王兴平.高填土涵洞(管)采用EPS板减载的试验研究[J].岩土工程学报,2005,26(2).
[23] 岑国平,刘晓曦,等.高填路堤涵洞受力及变形特性有限元分析[J].路基工程,2010(1).
[24] 刘晓曦,岑国平,等.路堤下涵洞沉降监测及有限元计算[J].武汉理工大学学报,2009,33(3).